科技·人文大讲坛中的生态课

赵开宇　主编

科学普及出版社

·北　京·

图书在版编目（CIP）数据

科技·人文大讲坛中的生态课 / 赵开宇主编. -- 北
京 : 科学普及出版社, 2023.11
ISBN 978-7-110-10674-7

Ⅰ.①科… Ⅱ.①赵… Ⅲ.①生态学 – 普及读物
Ⅳ.①Q14-49

中国国家版本馆CIP数据核字（2023）第226470号

策划编辑	许　倩	
责任编辑	许　倩	
封面设计	徐元圆　长天印艺	
责任校对	焦　宁　邓雪梅　张晓莉	
责任印制	徐　飞	

出　　版	科学普及出版社
发　　行	中国科学技术出版社有限公司发行部
地　　址	北京市海淀区中关村南大街16号
邮　　编	100081
发行电话	010 – 63582892
传　　真	010 – 62173081
网　　址	http://www.cspbooks.com.cn

开　　本	710mm × 1000mm　1/16
字　　数	120千字
印　　张	9.25
版　　次	2023年11月第1版
印　　次	2023年11月第1次印刷
印　　刷	北京荣泰印刷有限公司
书　　号	ISBN 978-7-110-10674-7/ Q·297
定　　价	68.00元

本书编委会

主　编：赵开宇

副主编：朱珈仪

编　委：（按姓氏笔画排序）

　　　　方立魁　史　军　刘　松　吴莉萍　张　勇

　　　　张志升　胡　博　姚维志　柴宏祥　董莉莉

编　辑：（按姓氏笔画排序）

　　　　王雪颖　向　文　刘天娇　杨　柳　张　婕

　　　　陈　茜　周冬梅　郑诗雨　隆　凯　董泓麟

　　　　缪庆蓉

前　言

　　科普讲座是科普场馆开展科普教育活动的重要形式，是专家与公众交流的桥梁，拉近了前沿尖端科学与公众的距离，在传播科学知识和提升公民科学素养方面发挥了重要的作用。为进一步提升公众特别是青少年的科学素质、丰富科普教育活动形式，在重庆市科学技术协会指导下，重庆科技馆于2010年创办了"科技·人文大讲坛"公益科普讲座，邀请国内外科技和人文领域的专家学者，面向公众特别是青少年开展科普宣传、传播科学文化、弘扬科学精神。

　　随着信息技术迅猛发展和新媒体广泛应用，"科技·人文大讲坛"团队在积累了7年线下讲座经验后，2017年起在思路、内容、形式及传播渠道等方面进行创新升级，讲坛从自然科学、工程技术和人文社会三个不同角度解构同一个科学主题，呈现层次丰富、观点立体的科学视野，同时增加在线传播活动实况，搭建专家学者与公众双向沟通、线上线下交流互动的桥梁。至2023年10月，"科技·人文大讲坛"已经连续举办12年共136期公益讲座，160余位知名专家在重庆科技馆开讲，吸引线上线下观众近1300万人次，内容涉及航空航天、环境生态、生命健康、信息技术、能源材料、科学精神传播等多个领域。为进一步扩大科普工作覆盖面和影响力，推动科普讲座成果转化，让科普讲座发挥更大价值，我们整理了全部讲坛内容并进行深度挖掘和二次研发，即通过划分主题，规划出版科普讲座系列图书，以期对青少年科普教育有所裨益，同时形成更丰富优质的科普资源助推"双减"工作落实落地。

　　《科技·人文大讲坛中的生态课》根植于习近平新时代中国特色社会主义思想，图书内容聚焦"生态"这一主题，从生物多样性、生态农业、双碳知识、生态城市等方面，在保留讲坛"讲"的特色基础上，以知识卡、图片等形式进行内容拓展，融入科学方法和科学精神，让青少年在阅读中了解生态科学知识，进一步认识生态的重要性，树立人与自然和谐共生的生态文明理念。

少年强，则国强。《关于新时代进一步加强科学技术普及工作的意见》指出，要将"激发青少年好奇心、想象力，增强科学兴趣和创新意识作为素质教育重要内容，把弘扬科学精神贯穿于教育全过程"。科普图书对青少年了解科学知识、掌握科学方法具有不可替代的作用。未来，重庆科技馆将按照"新时代、大科普、高质量"的新要求，抓住历史机遇，不断提升"科技·人文大讲坛"的品牌影响力，继续打造高质量的科普图书，为青少年科学教育工作添砖加瓦，为科普事业高质量发展贡献力量！

本书编委会

2023 年 11 月

目　录

雨林里的物种战争

我是本期讲座的主讲人史军，今天与大家分享一些有关雨林的内容。

什么是雨林？有两个条件：一是要够热；二是要够湿。先说要够热，前两天主讲人刚从加里曼丹岛的雨林回来，它的年平均气温为18℃以上。再来说要够湿，年降水量通常在1800毫米以上，峰值的地区要达到10000毫米。世界上的雨林主要有三块，第一块是在南美洲亚马孙河流域，第二块是在非洲刚果河流域，第三块是在亚洲的加里曼丹岛。

热带雨林

阳光、水、土壤的争夺

本期讲座题目是"雨林里的物种战争"，所谓的战争，就是要争资源。在雨林里对植物来说最重要的资源是阳光、水和土壤。

我们知道，植物要生长是需要一些基本条件的，如光、水、热和养分。当然，基本条件中的水和热在热带雨林中是不用愁的。雨林降水量大，很多植物都成天泡在水里，它们不用争水。热就更不用说了，雨林地区一直很热。所以，大家要争夺的就是光和养分，所谓养分就是矿物质营养。为什么要争夺光？很简单，植物需要进行光合作用，没有光，植物肯定是活不了的。当然，有些植物是不需要光的，如腐生植物，大家都听说过天麻吧，长得跟红薯块一样，天麻也是一种药草。

天麻

腐生植物

　　并不是所有植物都是依靠光合作用获取能量的，有一类植物就是依靠共生真菌提供的营养和能量活着，这类植物被称为腐生植物。最有代表性的腐生植物就是天麻。

　　天麻需要两种真菌来帮助自己生长繁殖，分别是紫萁小菇和蜜环菌。这些真菌会利用菌丝在枯枝落叶中寻找食物，制造营养，为天麻生长提供必需的物质供给。而它们也在天麻的身体中获得了一个暂时的居所。它们互相帮助，各取所需，完成自己的生命任务，这就是生物界中典型的共生现象。

　　紫萁小菇只能帮助天麻生根发芽，却没有帮助天麻茁壮成长的能力。蜜环菌会刺激天麻的块茎长大，为蜜环菌繁殖提供足够的居所和粮食储备。

望天树是热带雨林的重要指示性物种，平均高度达到 60 米。它为什么要长这么高呢？很简单，因为长得够高才能见到阳光。通常来说它有 80 米高。80 米是什么概念？我们住的房子通常一层是 3 米高，80 米也就是说相当于接近 30 层楼的高度。

望天树

望天树

望天树的识别特征很简单——那就是高，成年望天树的平均高度可以达到 60 米，最高的望天树高度超过 80 米。与此同时，望天树也是热带雨林重要的指示性物种。发现望天树，就能确定这个区域是热带雨林。

当年，中国科学院西双版纳热带植物园创始人蔡希陶教授就是在勐腊县的雨林中发现了这种树，于是确定了西双版纳的雨林气候。并以此为依据，开始在西双版纳营建中国自己的橡胶生产基地，为国防和工业生产提供了战略性保障。

雨林里的树为什么都很高大？

　　光是雨林中的稀缺资源。只要走进雨林，你就会发现光线突然变暗了许多，通常来说，在下午 4 点之后，雨林中就如同日落时分了。西双版纳热带雨林树冠层的辐射量为 158.92 瓦 / 平方米，而地面上的辐射只有 12 瓦 / 平方米。阳光达到地面之前已经被植物层层拦截。

　　为了获得更多的阳光，雨林中的植物都想尽办法增加身高，例如，柚木可以长到 40 米。

　　在雨林中，如果不能长很高的话，长得很快也行。雨林中经常发生这样的事情，一棵大的望天树倒了之后，其他树就有机会了。有一种长得超快的树叫轻木。小学生通常一年能长 5 ~ 6 厘米，而轻木一年就可以长到 5 ~ 6 米。快速生长带来的问题就是树的质地疏松，4 米长的板子，小朋友都拎得动，完全没有压力。所以轻木经常用来制作航模。

轻木

　　不同植物的生长速度有很大差别，比如在热带雨林中，轻木是生长速度很快的植物。但生长速度快也让轻木的木质疏松。

　　疏松的木质也不是全无用处，轻木是很好的航模原料，甚至一度作为战机的主要材料用于生产蚊式轰炸机，在第二次世界大战中，为赢得反法西斯战争胜利作出了贡献。

　　还有其他争夺光的方式，如巨叶现象。

　　还有一些植物很有智慧，它们并不是靠自己高大的身材获取营养和光线，而是长在其他植物的身上，我们把这种现象叫作附生现象。

巨叶现象

巨叶现象也是雨林中典型的现象。通常来说，一片杨树叶只有巴掌大小，一片柳树叶只有眉毛大小，但是在雨林中，很多植物的叶子都非常巨大。海芋的叶子就是这样，一个成年人站在两片叶子之间显得非常矮小，这就是所谓的巨叶现象。

在光照强度比较弱的情况下，植物需要尽可能多的收集阳光。如果长得不够高，那叶子一定要足够大，能把剩下的光全都拦住，这也是一种生存原则。

附生现象

在雨林中，很多大树身上长出兰花和蕨类植物，这些植物并不会吸收大树的营养，它们更像是占据了树干的租客。这种现象被称为附生。

最有代表性的就是兰科石斛属植物，这些植物生长在树干和石壁之上。在森林里，各种石斛会把枯槁的树干装扮成名副其实的空中花园。那些或紫、或黄、或红的花朵显得异常醒目。但是这可不是要让人欣赏，而是为了吸引昆虫帮它们传播花粉。附生在石壁或者树干之上，为石斛家族带来了很多好处，比如更容易吸引传播花粉的昆虫，也更容易散播种子，比趴在乱糟糟的地面上要强得多。

除了光，还需要有土壤。土壤除了提供营养物质，还有另外一个作用—支撑。土壤的这个功能很多时候被我们忽视了。土壤对于陆生植物，尤其是对于早期陆生植物来说，最重要的作用是提供一个让其固定在地上的机会。我们买了鲜花回来，需要把花插在花泥里面或放在花瓶中，花才不会倒，如果没有花泥或花瓶，鲜花是立不住的。遗憾的是，雨林中的土壤不够厚，不像重庆的土壤那样厚，很多树的根可以扎得很深。通常来说，雨林中的土壤是非常薄的，有两三米深就不错了。那怎么办？加一个支撑。树长起了像三角锥一样的结构，被称为板根，因为特别像大的案板。站在树根下面，通过对比就能感受到树根其实比人要高，仅这个板根都有 3 米多高，就是这个大支架支在这儿才能使树不倒下。

猪笼草吃动物是因为它太馋了？

　　站得住还不是最重要的事情，获得养分也更重要。但是雨林里面的肥料并不多，有些植物就需要自己去找肥料。我们都知道猪笼草会找吃的，一只苍蝇掉入它的捕虫囊后，就会逐步被消化。这个消化过程特别像人类的消化过程。但是要注意，猪笼草想获得的营养跟人类想要获得的营养是不一样的，我们平常消化一块肉只要转化成氨基酸就可以了，不需要"拆"得那么碎，就好像我们做一个拼接积木，不需要把现有的积木改成另外一个积木，我们只是把拼接积木小组件拆下来，但是植物需要的是积木的原料，而不是拼图的积木，所以它们直接把苍蝇分解为"粪便状态"，它们从来不介意一些人类看起来比较恶心的食物。

猪笼草

猪笼草为什么要吃虫子？

"庄稼一枝花，全靠粪当家。"这句俗语是说庄稼要想种得好，要它多产粮食，必须依靠施加肥料。

植物生长需要大量的氮、磷、钾等矿物质元素，特别是氮元素。但是，雨林中的竞争太激烈了，所有植物都在竞争总量有限的矿物质。

有些植物就需要自己去找肥料。我们都知道猪笼草是食虫植物，猪笼草之所以要吃虫子，就是为了获得其中的矿物质。

为蝙蝠提供居所的猪笼草

赫姆斯利猪笼草并不吃蝙蝠，它的食物是蝙蝠的粪便。这是非常有智慧的一种猪笼草，它的捕虫囊就是蝙蝠的家。

我们都知道蝙蝠通常是在晚上出去活动的，白天它们总要找地方睡觉，很多蝙蝠睡觉的地方很奇怪，不一定是我们平常认为的洞穴。有的蝙蝠在竹子里面，有的蝙蝠在一片叶子下面，有的蝙蝠就在猪笼草的捕虫囊里面。

猪笼草不会白白为蝙蝠提供住所，因为它虽然白天不出去，但是它还会大小便而且就在捕虫囊里面解决。对赫姆斯利猪笼草来说，这些粪便就是营养丰富的美食，这就算是蝙蝠交的房租了。

榕树的绞杀

如果将阳光、水和土壤的争夺当作遭遇战，榕树绞杀可谓是一场恶战。

绞杀是热带雨林中的一种特殊现象，榕树会通过绞杀抢占其他高大植物的生存空间。

榕树的种子会被鸟类带到一些大树身上。榕树的幼苗通常只是一两片叶子，这些叶子看起来人畜无害，是很温柔、很温和的东西。但是，随着时间的推移，一旦有机会它就会变身，一旦站稳脚跟，它的气生根就开始在这棵大树的树干上蔓延。

榕树垂下来好多"胡须"，"胡须"就是它们的气生根，一旦这种根扎到土里后就会迅速地变粗，然后牢牢缠在大树的树干上，日渐粗壮，缠得也更紧。再过一段时间，被缠住的大树就没有回天之力了，因为它的树根都已经与榕树的根缠在了一起，大树的根并不能抢来更多的水分或者养分，而上面榕树的树冠已经像大伞一样张开，盖住大树，这时候大树就只有死路一条了——没有光、没有水分、没有肥料，久而久之，这棵大树就会枯死，直至腐烂成泥。

榕树

但这也并非只是坏事。很多时候我们看起来不好的东西并不一定完全不好，比如绞杀其他植物的榕树，它的行为反而有可能给雨林其他生物带来新的生机。被绞杀的植物是空心的，被大风吹倒会把旁边的树砸倒，但这不一定是件坏事。雨林中透光非常难，接近地表几乎不见阳光，雨林底层几乎什么都不长，但是底层有很多种子等待着晒到阳光的那一刻，所以树木倒下来把其他植物砸倒的时候，就出现了一块空地——林窗，就好像给森林打开了一扇窗子，阳光能透进来，林窗里面就可以有很多植物迅速长起来。所以，在雨林里面你觉得不好的东西，它的行为也许会让其他植物受益。

为了后代的战争——榕树和榕小蜂

　　无花果实际上是跟很多榕小蜂共生在一起的。所有榕树的榕果都俗称为无花果。木瓜榕的无花果里面有很多小黑点，这些是雄性榕小蜂。榕小蜂有雄性、雌性之分，为什么说黑色的是雄性呢？这与榕小蜂的繁殖方式有关。

榕果

榕小蜂妈妈找到一个合适的无花果钻进去，无花果上面的小孔通道就是为它钻进去服务的，它通过小孔钻进去，在里面产很多的卵，这些卵开始孵化。通常来说，雄性的榕小蜂，也就是新一代榕小蜂爸爸会先孵化出来，孵化出来之后就会把自己的精子交给雌性榕小蜂，努力让更多雌性榕小蜂受精。受精之后，这些带着后代的新一代榕小蜂妈妈身上沾满了榕树花粉，再去寻找新的无花果，成为榕树的传粉使者。这个过程只有雌性榕小蜂可以往外飞，雄性就等着种子成熟之后，要么被其他动物连同无花果吃到肚子里面，要么随着无花果掉到地上，这就是悲惨的榕小蜂爸爸，一辈子没有见过外面的世界，它唯一的使命就是繁殖。自然界有两大重要的过程：一是获取能量；二是繁殖，这是生物学核心的意义。

榕小蜂的育儿室是建立在毁坏榕树种子的基础上，它把卵专门产在榕树将来要结果的地方（子房）。无花果里像小芝麻粒一样的东西都是榕树的种子，榕小蜂妈妈要把卵产在子房，如果子房被卵占了，榕树显然就没有后代了。那怎么办？榕树也不傻，很多榕树把花柱尽量拉长。榕小蜂妈妈把产卵器插进去产卵，卵只有在子房才能很好地生长发育。这时候比较聪明的无花果把花柱拉长，产卵器不够长，卵产不到适宜的地方，就像打针的时候穿着衣服或者穿着一层盔甲，一针扎下去没有扎到肉。所以说榕树是非常聪明的。

前面我们介绍了榕小蜂的生长过程，要通过无花果上面的小孔钻进去产卵，但是只有一次机会，因为孔很小，钻进去的时候身上的翅膀会被挤坏，所以榕小蜂不可能再从孔里出来。但是有些榕小蜂被称为非传粉的榕小蜂，它的产卵器特别长，在它身体末端的那根超长的产卵器，是它本身身体长度的3倍，所以它可以毫无压力刺穿无花果的外皮完成产卵，而且这个过程还不用再通过小孔爬进去了。这时候榕树只能自认倒霉了吗？其实不是这样的，榕树也没那么傻。科学家对这个现象做了进一步的研究，发现榕树也在反击，如果它发现自身的非传粉榕小蜂，就是这个"强盗"产的卵太多的话，它会自动把无花果脱落。

它们的战争一直没有停止过，都会想出来一些我们觉得很奇葩的招数来对付对方。

雨林面对的最大威胁是什么？

雨林面对的最大威胁不是植物之间的战争，就如同前文提到的榕树，它的绞杀也是在帮助很多植物获得新的生命。对雨林来说真正的威胁是外来客，比如人类。西双版纳是我国最重要的橡胶生产基地，加里曼丹岛的雨林都被砍掉种上油棕了，西双版纳雨林基本上也快砍完了，砍了之后全部种植橡胶树了。这样的现状非常令人痛心。

2001年，主讲人去西双版纳进行生物学实习，那时候车会时不时地停下来，因为有人说前面有大象在过马路，所以等它走后我们再往前走，那时候的西双版纳真的是随处可见野生动物。但是10年后我们再去西双版纳就会发现很少有机会碰见它们了，听到更多的消息是野象又踩人了，又吃庄稼了，又把农民顶伤了。为什么？那是因为野象原来住的家都被人类砍光了。野象也是被逼得没有了办法，原来森林里有的是它们的食物，它们有的吃，也不愿意接近人类。

今天再看西双版纳的森林，虽然也还是绿色的，但是这个绿色是毫无生机的绿色，因为橡胶树对几乎所有本土生物而言都是有毒的，没有一种昆虫可以吃它，没有一种鸟兽可以吃它的种子。所以，我们看到的只有橡胶林，其他什么都没有。这并不意味着我们不能与自然和谐相处。直到今天，世界上仍然有这样的部落，他们在与外界完全隔绝的情况下生活得也很开心。其实，我们在谴责别人猎杀了一头珍稀的动物、砍伐了一些树的时候，想一想自己能否做一些力所能及的事情？当然能。我们少用一张纸巾、节约一点纯净水，这都是对自然的保护。

中国科学院西双版纳热带植物园

讲座时间：2018 年 3 月 24 日

史军

中国科学院植物学博士，"玉米实验室"创始人，科普图书策划人。中国植物学会科普工作委员会成员，中国科普作家协会会员，教科版小学科学课本核心作者。

著有《中国食物·蔬菜史话》《中国食物·水果史话》《植物塑造的人类史》《植物学家的锅略大于银河系》。系列科普视频《植物有话说》《一点植物学》主创。同时担任《影响世界的中国植物》《水果传》《风味人间》等多个纪录片科学顾问。入选"点赞·科普中国"2018年十大科普自媒体。

长江精灵——长江鲟

我是本期讲座的主讲人姚维志，今天与大家分享一些有关长江鲟的内容。

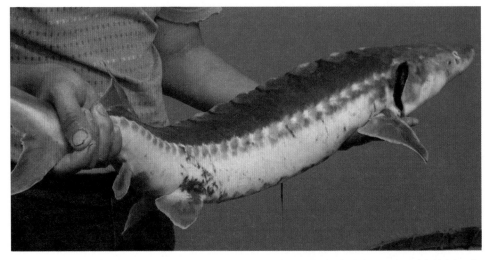

长江重庆南岸区江段误捕的长江鲟

长江鲟是鲟形目鲟科鲟属鱼类。目前生存在地球上的鲟形目分为两个科，一个是白鲟科，另一个是鲟科。

白鲟科有 2 个种，一个种分布在北美洲的密西西比河，叫作美国匙吻鲟，另一个种分布在我国长江流域，叫作白鲟。匙吻鲟的生长环境目前还是非常不错的，我国也在大量引进和繁殖；而白鲟也许我们再也无法见到它了，自从 2003 年发现了最后一尾活着的白鲟，至今再未发现过。

鲟科现在在全世界有 25 个种，其中有 5 个种分布在我国，分别是在新疆额尔齐斯河流域的西伯利亚鲟、黑龙江的施氏鲟和达氏鳇、长江流域的中华鲟和长江鲟。

新疆额尔齐斯河流域的西伯利亚鲟在俄罗斯也分布广泛，现在我国也在大量养殖。施氏鲟分布在黑龙江流域，也是目前国内养殖比较多的一种鲟鱼。在日常生活中，餐馆出售的鲟鱼，基本上都是养殖的鲟鱼，以西伯利亚鲟、施氏鲟为主，还有一些杂交鲟。中华鲟和长江鲟都是国家一级重点保护野生动物，非法贩卖是要负刑事责任的。

长江鲟长什么样呢？

长江鲟，又名达氏鲟，俗称沙腊子、小腊子。长江地区的渔民有句老话"千斤腊子万斤象"，今天我们通常认为"腊子"是指中华鲟，即大腊子，而长江鲟被称为小腊子。虽然长江鲟没有中华鲟那么大，但是它的外形与中华鲟非常相似。

长江鲟长得很萌，给人一种非常有活力的感觉。想想猎豹疾速奔跑时是不是充满了生命的活力？长江鲟的体形有点像鱼雷，在水中它能非常快速地游动，这种体形被称为长梭形。长江鲟的尾鳍，与咱们平时吃的鱼的尾鳍不同，其尾鳍的上叶要比下叶长一些，其他的鲟鱼也是如此，这种尾鳍被称为歪形尾，它是鱼类的一种比较原始的形态，

长江鲟的形态

长江鲟的体形呈长梭形，前部略粗壮，向后渐细。横断面呈五角形。躯干部外面有5行坚硬的骨板。背骨板较大，9～12枚。背鳍后方和（或）臀鳍后方有1～2枚骨板。尾鳍为歪形尾，上叶长于下叶。长江中自然生长的长江鲟，性成熟的个体可以长到1米多长，体重可超过12千克。

长江鲟臀鳍后方的 2 枚骨板（红色圆圈处）

长江鲟与其他鲟鱼的区别

　　长江中自然分布的 3 种鲟鱼形态存在一定差异。白鲟具有长长的吻部，渔民根据这一特征将其称为象鱼，意思是它长长的吻部很像大象的长鼻子。中华鲟与长江鲟的外形相似，但中华鲟更大一些，侧骨板上方和下方的颜色逐渐过渡，背骨板多为 12 ～ 14 枚；长江鲟较小，侧骨板上方和下方的颜色截然不同，背骨板多为 9 ～ 12 枚。

　　如今，长江也可能出现西伯利亚鲟等外来品种。与长江鲟和中华鲟不同，这些鲟鱼背鳍和（或）臀鳍后方没有骨板，而长江鲟和中华鲟背鳍后方和（或）臀鳍后方有 1 ～ 2 枚骨板。

也就是说拥有这种尾鳍的鱼通常属于比较古老的鱼类。长江鲟就是一个比较古老的物种。

长江鲟生活在什么地方?

在长江里生活的3种鲟鱼中,中华鲟是在海洋和长江上游之间洄游的物种,在海洋里生长,性成熟洄游到长江上游的金沙江段。白鲟则是在整个长江上游、中游、下游都有分布。与这两种鲟鱼不同,长江鲟是典型的淡水鱼种,而且是长江上游特有鱼类,主要分布在长江上游干流,在嘉陵江、乌江、赤水河、岷江等支流中也有发现。

长江上游

长江上游以湖北省宜昌的南津关为界,南津关以上为上游,南津关以下为中游。

长江鲟的产卵场

在研究鱼类的时候,有一个需要非常关注的区域就是产卵场,也就是它繁殖的地方。如果某种鱼类不能繁殖,就意味着它的种群无法延续,迟早会灭绝。

长江鲟的产卵场,分布在金沙江的下游和长江上游干流,主要是金沙江的冒水至长江干流的合江江段。另外,产卵对于河道的环境条件要求比较高,通常是卵石滩,水不能太深。产出的鱼卵具有黏性,会沉到水底,黏附在鹅卵石上孵化。

孵化出的小鱼会顺流而下,找到一个江边的湾沱。此处水流比较缓慢或者几乎是静水，而湾沱底部最好是泥沙的底质，因为这种泥沙的底质里会有很多长江鲟喜食的水生生物。

长江鲟索饵的湾沱水域

长江鲟的食性

　　无论个体大小，长江鲟的索饵水域都是流速缓慢、泥沙底质的湾沱。长江鲟主要是在泥沙底质中寻找食物，渔民正是根据它的这种习性将其称为"沙腊子"。

　　长江鲟是以动物性食物为主的杂食性鱼类。体长 10 厘米以下的幼鱼主要摄食水栖寡毛类和浮游动物。体长 10 ~ 20 厘米的幼鱼主要摄食水栖寡毛类和小型底栖鱼类。体长 20 厘米以上的个体主要摄食水生昆虫和水栖寡毛类。

　　湾沱所在位置不能离长江鲟的产卵场太远，距离太远的话幼鱼就游不过去。历史上，长江鲟重要的产卵场之一就是位于四川省宜宾市的三块石。

长江鲟重要的产卵场之一——宜宾三块石

长江鲟的自然繁殖

　　长江鲟要到一定的年龄才能达到性成熟，进行繁殖。长江鲟雄鱼一般 4～6 龄才能性成熟，雌鱼要 6～8 龄才能性成熟，看起来长江鲟的雄鱼要"懂事"得早一点。这种现象不仅会出现在长江鲟身上，很多鱼类都有这个特点，即：雄鱼性成熟的时间要比雌鱼早一些。

　　长江鲟发育成熟以后，会逆流而上游到四川省，回到它的产卵场去产卵。长江鲟的繁殖期主要是在春季的 3—4 月。鱼类不像一些哺乳动物，一年四季都能繁殖，大多数鱼类在春季繁殖，主要是由于它们对水温和水文条件有非常严格的要求。

　　很多鱼类产卵还需要受到一次涨水过程的刺激。众所周知，长江每年有一次春汛，就是所谓的"桃花水"——每年桃花盛开的时候，长江源头的冰川雪水就开始融化，形成一次涨水的过程。合适的温度加上春季的涨水过程，能够刺激长江鲟和其他很多鱼类繁殖。

　　有研究发现，长江鲟有极少数的个体在秋季也能产卵。20 世纪 70 年代，主讲人的老师曾在四川省宜宾市捕到了一条长江鲟，是已经性成熟的，当时是 12 月，把它放到渔船的船舱里面时发现这条长江鲟自然地就排出了精液，这说明它能够自然繁殖了。

长江鲟的人工繁殖和增殖放流

根据农业农村部 2018 年印发的《长江鲟（达氏鲟）拯救行动计划（2018—2035）》指出，长江鲟野生种群基地绝迹，人工保种的野生个体仅存 20 尾且已进入高龄阶段，物种延续面临严峻挑战，保护形势十分紧迫。

《长江鲟（达氏鲟）拯救行动计划（2018—2035）》

农业农村部 2018 年印发《长江鲟（达氏鲟）拯救行动计划（2018—2035）》，要求以长江鲟自然种群恢复为核心，在维持和扩增现有人工保种群体基础上，努力采取一切措施开展长江鲟资源修复和自然种群重建。

重点围绕长江鲟产卵场和索饵场等关键栖息地加强保护措施，优先突破制约长江鲟物种延续的关键点。

加强对长江鲟保护养殖、遗传管理、科学放归和种群重建相关科学研究，监测放流后长江鲟迁移和自然繁殖过程，全面深入了解放归长江鲟的栖息、洄游、繁殖行为特征和环境需求，为保护对策措施的制定和实施提供理论技术支撑。

加强有关管理部门的联合行动，强化长江鲟物种和自然保护区的保护宣传教育，引导社会对长江鲟保护工作的重视与关注。

1972 年，重庆市水产科学研究所所长谢大敬先生率领科研团队，在国内率先成功开展了长江鲟的人工繁殖实验。1976 年，人工繁殖的长江鲟达到性成熟，然后对这批鱼进行催产也获得了后代。到 20 世纪 80 年代这一技术已经非常成熟，在人工养殖的条件下能把这个物种保护下来。

关键是长江鲟的野生种群还能不能维持？这个情况令人担忧。目前国内已经能够大批量地培育长江鲟的苗种，所以可以持续进行人工增殖放流。截至 2017 年，已经在长江流域累计增殖放流了 5 万多尾长江鲟幼鱼。从理论上讲，最早放流的长江鲟早就达到性成熟了，但是仍没发现长江鲟的自然繁殖证据。

长江鲟的保护

可能有人会问："长江流域有 300 多种鱼类，仅长江上游就有 190 多种鱼类，为什么要保护长江鲟呢？"

长江鲟是一种非常古老的鱼类，它在地球上已经生存了超过 1.5 亿年，比我们人类的历史长多了。

（1）长江鲟的野外生存情况

长江鲟的野外生存现状令人担忧。20 世纪 70 年代，我国曾组织对长江鲟和中华鲟的比较大规模的专项调查，调查发现，长江鲟的高龄个体非常少，绝大多数都是 1 龄甚至是不到 1 龄的个体，从 2 龄开始个体就已经非常少了。这意味着 20 世纪 70 年代长江鲟出现低龄化现象，呈现资源衰退的趋势，但当时每年还能捞到几百条。进入 20 世纪 80 年代以后，长江鲟的数量越来越少，甚至从 2000 年到现在，没有发现长江鲟在长江流域有自然繁殖。目前长江流域偶尔误捕到一些长江鲟，也都是人工放流的个体。

（2）长江鲟面临的主要威胁

为什么我们放了十余年的长江鲟，还是没有发现它的自然繁殖？其中一个重要原因就是它没有产卵场了。即使长江鲟长大了，到了性成熟年龄，但是没有合适的产卵区域，仍没有办法繁殖。

长江鲟不能自然繁殖的原因虽然与长江中性成熟个体偏少有关，但更主要的原因可能还是产卵场的条件不能满足要求，性成熟个体没有合适的产卵条件也不能繁殖。导致产卵条件改变的原因包括水电开发、挖沙采石、河岸硬化、河道取水排水、航道建设及船舶航行等。

前面已经介绍过，长江鲟的繁殖需要合适的温度条件，还要有春季涨水的过程。以水电开发为例，修筑大坝后，蓄水或放水主要考虑防洪和发电的需求，而对鱼类的关注相对较少，因此每年3—4月就可能没有涨水过程。而且大坝放水大多是从水库底层放水，深水型水库底层的水温通常比表层温度低，也就是说在受水电站影响较大的区域，长江鲟自然繁殖的水温和涨水条件都很难得到满足了。

所以，要做好长江鲟的保护，除了人工放流，产卵场等栖息地的修复也是至关重要的。

（3）保护长江鲟的意义

第一，长江鲟是长江上游水生生态系统的旗舰种和伞护种。

旗舰种，更多的是一个社会上的概念，就是对社会公众来说长江鲟具有一定的代表性，能够代表长江流域的鱼类。它是国家一级野生保护动物，也是长江上游特有鱼类，存在了1.5亿年，是一个完美的代表。

伞护种，则是科学上的概念。因为长江鲟生存所需要的环境条件能够覆盖长江里面其他多数鱼类的生存条件，只要保护好长江鲟，其他绝大多数的鱼类也可以得到保护。

第二，长江鲟具有的物种价值。

所有物种都具有不同价值，包括直接使用价值、非消费使用价值、选择价值、存在价值和科学价值等。

长江鲟是国家一级野生保护动物，它对其他很多鱼类的正常生存繁衍有不可替代的作用，这就是它的非消费使用价值。

长江鲟还有选择价值，地球上有几百万种生物，每一种生物的基因都是独一无二的，在未来的各领域科研探索中，很可能会用到某一种生物的某一个基因，把这个物种保留下来，也就保留了人类未来进行选择的可能性。

长江鲟的存在价值，也叫伦理价值。任何一个物种在地球上的生存都是一个奇迹。很多人喜欢看《动物世界》等自然纪录片，看到动物奔跑、鹰击长空、鱼翔浅底的时候，大家都觉得特别舒心，其实这就反映出我们对其他物种的尊重。

　　还有科学价值，对长江鲟的研究能够帮助我们理解很多科学上的问题，也许就能帮助我们人类社会的进步。

公众如何参与长江鲟保护？

　　第一，保护水环境，避免或减轻长江的水污染，为长江鲟提供更好的生活场所。

　　第二，拒绝食用野生鱼，合法合规垂钓，减少对长江鲟正常生活的干扰。

　　第三，在市场或江边发现疑似长江鲟时及时向渔业主管部门报告。

　　第四，广泛宣传长江鲟及长江水生生物保护的相关知识。

讲座时间：2019 年 11 月 16 日

姚维志

西南大学水产学院教授、博士研究生导师，农业农村部长江水生生物科学委员会委员、农业农村部长江上游水生生物多样性保护研究中心常务副主任。

主要从事长江上游渔业资源环境和生态渔业等领域的研究。具体研究方向包括：长江上游渔业资源变化及其影响因素、长江上游重要水生生物物种及其栖息地保护、渔业资源管理政策及法规、基于鱼贝混养的生态渔业技术、渔业水域污染评价及控制、内陆水域的渔业生产力、水生生物自然保护区建设与管理等。发表论文70余篇，出版教材及专著2部，获重庆市科技进步奖二等奖1项、三等奖1项，四川省教学成果二等奖1项。

小蜘蛛　大生态

　　我是本期讲座的主讲人张志升，今天与大家分享一些与蜘蛛有关的内容。

　　说起蜘蛛，大家首先想问的可能就是"蜘蛛小小的身体，为什么可以吐出那么多的丝做成网？"蜘蛛有一个腺体叫作丝腺，这是一个专门合成蛛丝的器官，合成蛛丝后可以通过纺器产出，部分蜘蛛利用蛛丝来结网，蛛丝的主要成分是蛋白质。

　　蜘蛛网结不结实？这个要根据蜘蛛的具体情况来看，因为它不需要像钓鱼线一样结实。如果把蛛丝做得比较粗的话，蜘蛛网还是非常结实的，有研究表明，直径为 1 厘米的蛛丝可以拦住一架喷气式飞机。

蜘蛛

什么是蜘蛛？

蜘蛛是一类无脊椎动物，属于节肢动物门螯肢亚门蛛形纲蜘蛛目。蜘蛛有如下特点：

（1）身体分为头胸部和腹部两部分，中间由短而细的腹柄相连。

（2）蜘蛛腹部具有可以纺丝的纺器。

（3）共有六对附肢，第一对为螯肢，用于捕捉猎物、注射毒液和辅助摄食；第二对为触肢，为感觉器官，但雄性触肢特化用于交配，也被称为触肢器；其余四对为步足，用于爬行和跳跃。

蜘蛛有哪些感觉器官？与人有什么区别？

（1）蜘蛛有眼睛，通常为8只，部分种类有6只、4只、2只或无眼，但与人眼不同的是，蜘蛛的眼为单眼，大部分只能区分光线的强弱。但跳蛛的眼具有较好的视觉，可以区分眼前的物体，与人眼结构相似。

（2）蜘蛛可以像人一样听到声音(声波的震动)，但蜘蛛并没有耳朵，它是依靠步足和身体表面的听毛来实现的，这种毛细长，基部位于一个窝内，听毛可以感受到细微的声波震动。

（3）蜘蛛有化学感受器，可以对环境中的一些物质做出反应，类似于人类的鼻子或舌头。

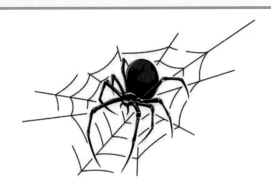

全世界有多少种蜘蛛？它们分布在哪里？中国的情况如何？

全世界已知蜘蛛 5.1 万余种，进入 21 世纪以来，每年以 600 ~ 1000 种的速度增加，有人估计全世界蜘蛛有 12 万 ~ 15 万种。蜘蛛作为典型的陆生节肢动物，分布于陆地的各种生境，目前在除南极洲以外的各大洲都有记录。蜘蛛的分布环境包括：森林、灌丛、草地、农田、河边、土壤缝隙、石头下、树皮下、树冠层、洞穴等。

中国目前已记载的蜘蛛种类超过了 6200 种，每年以 200 ~ 500 种的速度增加。

有的小朋友说："我很害怕蜘蛛，家里的蜘蛛，我想弄走它，但是我怕它咬我。如果我被它咬了怎么办，会不会中毒？会不会死？我怎么能保护自己，而且还可以赶走它呢？"

小朋友有这样的想法是很正常的，但实际上蜘蛛不会主动咬你，它可能还会因为害怕你而跑掉。你可能会说："它没有跑呀？"这是因为它没有意识到你可能对它构成了真正的威胁。被蜘蛛咬到的概率还是很低的，在中国本土物种中目前没有发现会很明显地、主动攻击人类的蜘蛛，有一些蜘蛛比较凶猛，但是不会出现在我们的房间里。要想赶走蜘蛛也很容易，经常打扫卫生，它就不在了。如果房间里面没有供它吃的食物，如苍蝇、蚊子、蟑螂，蜘蛛到你房间里走一圈，找不到食物，自然也就走了，也许它会待在房间里面等着食物到来，但是如果长时间没有食物，它也不会在房间里面停留很久。或者你主动用扫帚等工具把它赶走。其实有些出现在房间里面的小蜘蛛是很可爱的，并不会让人觉得很恐怖，当然，也有很多人不喜欢它。

还有的小朋友问："蜘蛛对我们有哪些用处？蜘蛛对科技发展有哪些贡献呢？"

蜘蛛对人类科技发展提供了不少灵感，我们来举个例子，相信很多人都听说过"蜘蛛人"，他们是为高楼大厦清洗外墙的工作人员，通常是乘坐吊篮作业的，但是现在有一种模仿跳蛛步足的结构而制作的手套，戴着这种手套可以黏在墙上，从而轻松地实现高空作业。

有的小朋友很好奇蜘蛛静静地趴在蜘蛛网中央时，是为了等待猎物还是在睡觉？答案是在等待猎物。如果它要睡觉的话，通常会选择蜘蛛网旁边一个比较隐蔽的地方。

还有的小朋友问："蜘蛛有多少只脚？它是怎么织网的？"

蜘蛛有 8 只脚，需要注意的是，织网和它的脚没有直接关系。蜘蛛织网是靠丝腺和后面的纺器，只是会用脚来梳理一下。

下面从认识蜘蛛、了解蜘蛛、蜘蛛的生活和蜘蛛轶事四个方面来介绍蜘蛛。

认识蜘蛛

大腹园蛛在重庆市，尤其是在城乡接合部或者农村的房屋周围非常常见。

大腹园蛛（摄影：倪一农）

白额巨蟹蛛或者称为白额高脚蛛也是经常出现在房间里的。它为什么叫白额巨蟹蛛呢？因为它额头有一条白色的斑纹，所以称为白额。

白额巨蟹蛛（摄影：陆千乐）

下面是跳蛛科的弗氏纽蛛，头胸部前面有大大的眼睛。

弗氏纽蛛（摄影：陆千乐）

蟹蛛科的埃氏花蟹蛛，它可以像螃蟹一样横着走。

埃氏花蟹蛛（摄影：陆千乐）

前面介绍的都是常见的蜘蛛。现在给大家介绍一种不常见的，它是在重庆市巫溪县的阴条岭自然保护区发现的一个种，学名是大官支头蛛。

大官支头蛛（摄影：陆千乐）

大家觉得它像什么？主讲人的感觉是像老鼠。这是在 2013 年刚刚发现的新物种，是目前只在重庆市发现的特有物种。重庆市的特有物种到底有多少种呢？还有很多物种正等待我们去发现。

真正的蜘蛛长什么样子呢？蜘蛛的身体分为两部分，即头胸部和腹部，头胸部和腹部中间是一个很细的结构，称为腹柄。如果小朋友要自己动手做蜘蛛模型，那么就要注意腹柄这个结构了，它可以很短，但不能没有，否则你做出的蜘蛛模型就不像蜘蛛了。

红蜘蛛、盲蛛、避日蛛和鞭蛛是不是蜘蛛？

它们都不是蜘蛛。红蜘蛛是一种生活在树皮下或植物叶片背面的小动物，它属于蛛形纲蜱螨亚纲，学名为朱砂叶螨，也称为棉红蜘蛛，它的身体通常分为本体和颚体两部分。盲蛛是指蛛形纲盲蛛目的动物，通常头胸部和腹部愈合为一个整体，四对步足细长，约为身体长度的数倍。避日蛛是指蛛形纲避日目的动物，螯肢呈钳状，上下活动，触肢与步足形态相似，但更为粗壮，通常生活在沙漠或荒漠地区，白天躲在石头下，夜晚外出活动。鞭蛛是指蛛形纲无鞭目的动物，与蜘蛛体态相近，但触肢发达，用于捕食，而且第一对步足细长，特化为触觉器官。

了解蜘蛛

通过 6 个问题，带大家来了解蜘蛛。

第一，蜘蛛的相貌丑陋吗？

一对略突蟹蛛（摄影：黄俊球）

蜘蛛认识误区之一：蜘蛛的相貌丑陋吗？

蜘蛛种类繁多，形态、颜色存在较大差异，有些种类的蜘蛛看起来有点丑，如大腹园蛛，但不能以偏概全，还是有不少种类的蜘蛛是符合大众审美的，如园蛛科金蛛属、瓢蛛属、棘腹蛛属，球蛛科丽蛛属，跳蛛科的部分种类，蟹蛛科的部分种类，等等。

第二，蜘蛛有没有毒呢？

绝大多数蜘蛛体内有一个结构叫作毒腺，它可以产生毒素，是用来捕食的。蜘蛛吃昆虫时，先抓住昆虫，然后通过螯牙末端的开口给昆虫注射毒素，这样就可以把昆虫麻醉或者杀死。这些毒素实际上对人没有太大影响。不过如果你对毒素中的某种成分过敏的话，就会产生比较严重的后果，如引起皮肤肿胀、头痛、头晕、恶心、憋气、出汗、发热等。

这里给大家介绍几类能对人类产生一定伤害的蜘蛛。

一是黑寡妇蜘蛛。黑寡妇蜘蛛是指球蛛科寇蛛属的蜘蛛，这一类蜘蛛的特点就是身体腹面的红色斑块，而背面的斑纹有多种变化。

黑寡妇蜘蛛——华美寇蛛（摄影：陆千乐）

二是捕鸟蛛，是指捕鸟蛛科的大部分种类。捕鸟蛛经常被作为宠物饲养，但大部分常见的宠物类捕鸟蛛都不是我国的本土物种。

在中国分布的捕鸟蛛中，有两个种有必要给大家介绍一下。一个是分布在海南的捕鸟蛛，名为海南塞勒蛛，以前也称海南捕鸟蛛、海南单柄蛛，它是国家二级重点保护野生动物。为什么要保护它？因为海南塞勒蛛被大量人为捕捉，它的野外个体几乎找不到了，已经达到濒危程度。海南塞勒蛛是目前中国唯一的受保护的蜘蛛物种。

海南塞勒蛛（摄影：杨昊聪）

　　另一个物种，以前被称为虎纹捕鸟蛛，现在的学名是施氏塞勒蛛。

　　2023 年 5 月，一篇名为《又一种即将濒危的蜘蛛，谁来拯救？》的文章在网络上发布，介绍了施氏塞勒蛛正在经历被大量人为捕捉和买卖的现状。之所以说它是即将濒危，也是因为人为捕捉！令人欣慰的是，这个种随后被列为中国的"三有"动物，即有重要生态、科学和社会价值的陆生野生动物，受到了相关法规的保护。

　　建议大家尽量不要去捕捉这些捕鸟蛛，更不要去买卖。

施氏塞勒蛛（摄影：陆千乐）

蜘蛛认识误区之二：蜘蛛有没有毒呢？

　　除妩蛛科的蜘蛛以外，目前已知的蜘蛛都具有毒腺，它是蜘蛛用来捕食和防御的工具，其毒液中包含大量蛋白酶和其他有机物，为血液毒素或神经毒素，对昆虫等小动物具有明显的杀伤或麻醉作用，但对人能构成伤害的为极少数。因此，站在生物学角度来看，绝大多数蜘蛛有毒；而站在人的立场来看，有毒的蜘蛛是极少数。

　　第三，蜘蛛颜色越鲜艳，毒性越强吗？

　　答案是否定的。通过前文的介绍，我们知道那些颜色很鲜艳的蜘蛛不一定有很强的毒性。即使你被蜘蛛咬了，也不用担心，如果你感觉有明显的过敏反应、炎症或有明显的不舒服，可以去找医生。

蜘蛛认识误区之三：蜘蛛的颜色越鲜艳，毒性就越强吗？

有些蜘蛛拥有鲜艳的体色，但体色与毒性（此处是站在人的角度来说的）之间不存在对应关系，即有鲜艳体色的蜘蛛，不一定有毒，而体色灰暗且单一的种类，有的具有一定毒性，但也有的没有任何毒性。判断蜘蛛是否有毒，还是要视具体种类而定，不能以体色确定毒性。

第四，蜘蛛的"尿"会引起皮肤过敏吗？

有人说蜘蛛的尿会引起皮肤过敏，这其实也是一种误解。所谓蜘蛛的尿，其主要成分为鸟嘌呤和尿酸，是蜘蛛的代谢产物，大部分人不会对这些物质产生过敏反应。

第五，蜘蛛是害虫，见必诛之？

蜘蛛多以昆虫为食，包括大量的害虫，如白额巨蟹蛛喜欢在人类居住的房间内，取食苍蝇、蟑螂等卫生害虫；大腹园蛛喜欢在人类房屋周围结网，取食各类夜晚飞行的蛾类等昆虫；稻田里的肖蛸，主要取食稻飞虱等害虫；农田里的豹蛛，常以农田里的双翅目、半翅目等昆虫为食。因此，蜘蛛是重要的害虫天敌，应尽可能保护它、爱护它。

蜘蛛不是害虫，所以你见到它时请手下留情，不要把它杀死。

第六，蜘蛛有什么用吗？

蜘蛛有三个重要用途：药物用途、材料用途和生物防治用途。

（1）药物用途：主要用的是蛛毒。蛛毒中含有大量未知的蛋白酶、小分子物质和神经递质，可以开发出不同的药物，治疗不同类型的疾病。

（2）材料用途：主要是利用蛛丝优秀的物理性质。蛛丝已知的和潜在的应用领域包括军事、航天航空、建筑、农业与食品业、医学等。

（3）生物防治用途：指利用蜘蛛防治害虫，以获得更环保的农产品。

对于蜘蛛的应用，尚存在较大空间。蛛丝和蛛毒的开发，受生物技术手段的限制，其内在的性质尚未掌握，应用面目前较小。生物防治虽然自古就有，但由于大部分蜘蛛喜独居、生活史较长、对农药敏感，导致很难在较短时间内获得大量个体用于生物防治，应用范围也较小。

蜘蛛的生活

第一，蜘蛛的"衣服"。

蜘蛛具备外骨骼，它是蜘蛛表皮细胞向外分泌形成的非细胞类结构，位于蜘蛛体表，起到支撑体重、维持运动、防止水分蒸发等作用。但外骨骼不会随着蜘蛛身体的长大而生长，因此外骨骼形成一段时间后，会限制蜘蛛的生长，此时蜘蛛就会蜕去旧的外骨骼，长出新的外骨骼，如同我们换衣服一样。在新旧外骨骼更替期间，蜘蛛身体会迅速吸水而膨胀。

第二，蜘蛛的食物。

蜘蛛的食物种类非常丰富，如苍蝇、甲虫、蚂蚁，甚至是其他蜘蛛、鱼、青蛙，但蜘蛛最主要的食物是昆虫，尤其是一些农林卫生害虫，所以蜘蛛有一个特点就是不挑食。蜘蛛一般以肉食为主，但也吃一点植物，主要是吃一些植物的汁液。看来蜘蛛也懂得营养均衡。

蜘蛛如何吃东西？

蜘蛛通过蛛网或直接捕捉等方式抓住猎物后，先用螯牙咬住猎物，然后将毒素注射到猎物体内，在麻醉或杀死猎物的同时，还通过毒素中的消化酶将猎物外骨骼里面的肌肉、脂肪和一些组织器官直接进行消化分解，最后通过吸食的方式，把消化为半液体状的食物吸入消化管内。

第三，蜘蛛的住所。

结网的蜘蛛，大部分时间住在自己的网上或网内。日行性种类的蜘蛛白天挂在网上，晚上则隐藏在网的附近；夜行性种类的蜘蛛则相反，白天躲起来，晚上出来活动。

不结网的蜘蛛则四处游荡，居无定所，但通常它们也有自己偏好的生活环境，如灌丛、草丛、地表、树干与树叶间等地。

在繁殖季节到来时，雄性蜘蛛通常会离开自己的网或巢穴，主动去寻找雌蛛并进行求偶交配。

在冬季到来之时，无论是结网的，还是不结网的蜘蛛，都会选择一个隐蔽所躲起来减少活动，几乎处于休眠状态。

第四，蜘蛛的行走和扩散。

蜘蛛靠其步足爬行或跳跃，在其身后总会有一根丝（拖丝）作为"保险绳"，而蜘蛛扩散更重要的一种方式是飞航。

飞航是指蜘蛛借用风力作用快速向周围扩散的过程。当蜘蛛在地面上时，往往携带负电荷，而空气中则带有正电荷。飞航时，蜘蛛（通常为幼体）往往先爬到高处，从纺器释放一束蛛丝到空中，用来感知风向和风速，当风力比较大的时候，在正负电荷相互吸引的作用力下，蜘蛛向空中飞去，随着风向和风速大小不同，飞行距离也有所不同。目前已知蜘蛛飞航的最远距离是 2000 多海里，从新西兰飞到了澳大利亚东海岸。

蜘蛛轶事

蜘蛛哺乳，也就是蜘蛛吃奶，这个现象是我们中国的研究人员发现的。

这个故事的主人公叫大蚁蛛，它是怎样吃奶的？大蚁蛛妈妈的腹部能够分泌出一种与牛奶差不多的液滴，小蜘蛛出生第一周，大蚁蛛妈妈就会把这种液滴放在它的巢里，让小蜘蛛来吸食，第一周后到 40

天左右，小蜘蛛就可以直接从妈妈身体上直接吸食这些液滴，甚至这些小蜘蛛在出生 20 天之后就可以离开妈妈自己去找吃的了，但是它还是要回来吃这些液滴。40 天后，蜘蛛宝宝不再吃奶了，但是晚上还要跟妈妈住在一起，这种行为与人类特别像。

大蚁蛛（摄影：陆千乐）

蜘蛛哺乳

目前仅有一种蜘蛛——大蚁蛛，有哺乳现象。
大蚁蛛妈妈的腹部生殖沟生殖孔与书肺孔中间的区域，可以分泌一种奶状液滴（检测发现其蛋白含量比牛乳高出 4 倍）。

讲座时间：2023 年 5 月 21 日

张志升

　　西南大学生命科学学院博士研究生导师，亚洲蛛形学会主席、重庆动物学会秘书长。目前主要从事动物学方向的教学和科研工作。主持国家自然科学基金等各级各类项目20余项，发表学术论文140余篇，出版学术专著多部，包括《中国蜘蛛生态大图鉴》《常见蜘蛛野外识别手册 》和《中国动物志 漏斗蛛科和暗蛛科》等。致力于科普工作，通过举办蜘蛛及昆虫展览、走进中小学演讲等方式，呼吁公众关爱生命、热爱大自然。

简简单单讲"稻理"*

　　我是本期讲座的主讲人方立魁，今天与大家分享一些"稻理"，"稻"是水稻的"稻"。

　　什么是水稻？如今生活在城市的居民，对水稻，可以说既熟悉又陌生。说熟悉，是因为大家都知道水稻结实的籽粒经过加工成为大米，

水稻

水稻

　　稻，通称水稻，是禾本科一年生水生草本（已有多年生稻品种）。

---

* 张长伟、刘晶巧参与本文内容创作。

说陌生，一些居民可能没见过稻田里的秧苗，也没见过水稻的移栽、拔节、开花，更没见过水稻的颖花开放或是灌浆。

水稻的起源

水稻原产于我国。国内关于水稻的最早记载见于《诗经》中的《国风·豳风·七月》："八月剥枣，十月获稻。"

实际上我们的祖先在一万多年前就开始驯化和栽培野生稻了。1962年2月，考古人员在江西省万年县发现了仙人洞遗址。1995年9—11月，考古队再次对该遗址进行了保护性发掘，发现了大量石、陶、骨、蚌、人类骨骼，以及烧火堆、灰坑等遗迹，并且还发现了距今约1.2万年前的栽培稻植硅石，这是世界上已知的最早栽培水稻的时间。

距今7000年以前，中国水稻的栽培技术已经达到相当高的水平。1973年和1977年对浙江省余姚河姆渡遗址进行了两次发掘，大多数探坑中都发现了20～50厘米厚的稻谷、谷壳和稻叶等，还有骨耜等农具。骨耜由鹿、水牛的肩胛骨加工制成，形状类似现代的铲子，主要用于铲土，是河姆渡人种植水稻的主要工具。骨耜比石器轻便灵巧，而且表面光滑不容易沾泥，适合在江南水田里使用。用骨耜挖土，既可以减轻劳动强度，又能提高劳动效率，它标志着河姆渡原始稻作农业已进入"耜耕阶段"。

战国时期，由于铁制农具和犁的应用，农业生产开始走向精耕细作，同时为发展水稻种植兴修了大型水利工程，如地跨河北省、河南省的引漳十二渠、四川省都江堰、陕西省郑国渠等。

目前，水稻是我国种植面积最大的口粮作物，南至海南省，北至黑龙江省，东至台湾省，西至新疆维吾尔自治区。低到东南沿海的潮田，高至西南云贵高原海拔2000多米的山区，都有水稻种植。中国面积最大的稻区分布在秦岭—淮河一线以南，主要是长江中下游平原、珠江三角洲、东南丘陵、云贵高原、四川盆地等地区。在世界范围内，水稻种植主要分布于东亚、东南亚和南亚地区。

水稻的分类

水稻属于禾本科稻属。这个属的植物在地球上分布范围特别广泛，从阿根廷南部到中国东北的漠河地区，可以说地跨热带和温带地区。

稻属包含 20 余个野生种及 2 个栽培种，栽培种分别为亚洲栽培稻和非洲栽培最广泛的光稃稻。亚洲栽培稻种植面积大且品种丰富，光稃稻主要分布在非洲西部地区，种植面积较小。

（1）籼稻和粳稻

亚洲栽培稻，按生态型分类又可以分为籼稻和粳稻。粳的读音是"jīng"，这与它的起源有关。

1928 年，日本学者加藤茂苞通过杂交等手段发现了籼稻和粳稻的区别。当时，加藤把籼稻称为"印度型"，把日本栽培极广的粳稻称为"日本型"，自此，籼稻和粳稻在国际上就一直沿用"印度型"和"日本型"的叫法俗称。

1957 年，中国著名水稻专家丁颖先生发表文章指出水稻的起源地在中国，其中籼稻与普通野生稻性状更加接近，是栽培稻的基本型，粳稻是由籼稻分化而来的。丁颖先生的观点发表后，得到国内学者的广泛认可。1973 年，浙江省余姚河姆渡遗址的第四文化层（地层年代距今约 7000 年）出土大量炭化稻谷，中国农史专家游修龄先生对其鉴定后，认为它们是栽培种籼稻。这一发现不仅将中国水稻栽培史向前推进约 2000 年，而且也进一步佐证了丁颖先生的观点，使得水稻中国起源论在学界居于主导地位。

2018 年，中国农业科学院牵头的一个科研团队，在《自然》上发表对水稻的进化、分类等进行系统阐述的文章，其中提出要用汉字"籼"和"粳"命名水稻的两个亚种，所以是"jīng"稻而非"gēng"稻。

籼稻是最早从野生稻演变而来的栽培稻，故籼稻为栽培稻的基本型。粳稻是人们从不同栽培条件下的籼稻中进行培育选择，逐渐演变而形成的变异型。

籼稻米

粳稻米

籼稻米与粳稻米

籼稻与粳稻的区别，如表1籼稻米所示。

表1　籼稻与粳稻的区别

项目		籼稻	粳稻
形态特征	谷粒、米粒形状	细长而较扁平	宽厚而短，横截面近圆形
	叶片幅度和色泽	叶片较宽，叶色较浅	叶片较窄，叶色较深
	叶的开度	顶叶开度小	顶叶开度大
	叶毛多少	叶毛多	叶毛较少，甚至无毛
	茎秆粗细	茎秆较粗，茎壁较薄	茎秆较细，茎壁较厚
	颖壳	颖壳薄，颖毛短而稀	颖壳厚，颖毛一般长而密

项目		籼稻	粳稻
生理特性	耐寒力	较不耐寒	较耐寒
	发芽温度及速度	12℃以上发芽，发芽较快	10℃以上发芽，发芽较慢
栽培特点	分蘖力	分蘖力较强，易繁茂	分蘖力较弱，不易繁茂
	耐肥及抗倒伏能力	一般较不耐肥，易倒伏	较耐肥，不易倒伏
抗病特性	抗稻瘟病能力	一般较强	一般较弱
	抗白叶枯病能力	一般较弱	一般较强
经济特性	落粒性	易落粒	不易落粒
	出米率	出米率较低	出米率较高
	米质	黏性小，胀性大	黏性较大，胀性小

从地域分布来看，我国长江以南地区主要是籼稻区，但是苏南和浙北也有粳稻区，台湾省也是粳稻区。黄河以北的地区，主要是粳稻区，分为东北大区和宁夏大区。长江和黄河交界的地区就是籼稻和粳稻交错的地带。

从海拔高度分布来看，以海拔高度差比较大的云南省为例，海拔2000米以上几乎全部是粳稻，海拔1750米以下籼稻为主，1750～2000米是籼稻和粳稻交错的地带。这是因为籼稻更适宜高温高湿、光照强的热带和亚热带地区，而粳稻更适宜气候温和、光照较弱、较干燥的温带地区。

（2）晚稻、早稻和中稻

根据水稻对日照长短的敏感性，可分为晚稻、早稻和中稻。晚稻对短日照非常敏感，必须经历一个短日照条件才能进行幼穗分化、抽穗、开花、结实。早稻对日照长短没那么敏感，只要温度适合就能抽穗，可以说早稻是晚稻经过人工培育而成的变异型。中稻的晚熟种接近晚稻，早熟种接近早稻。

（3）水稻和陆稻

根据耐旱性的不同，可以把稻分为水稻和陆稻。水稻种植于具备灌溉条件，土壤相对肥沃，并且具有成型田埂和犁底层的水田中。2022年，水稻种植面积占栽培稻种植面积的89%以上，贡献了超过96%的稻米产量。陆稻是人们在不同土壤水分条件影响下的水稻中，经选择驯化培育的具有耐旱特性的生态型。

全球范围内水稻与陆稻的农业生境具有较大的差异，这两类品种在长期适应各自农业生境的过程中逐步分化。水稻与陆稻的主要区别是品种的耐旱性。根据余叔文研究，无论水稻还是陆稻，在有水层土壤上均生长良好、产量较高，而在旱地栽培，生长和产量都受到抑制，但陆稻受抑制的程度小，表现出耐旱性较强的生理特征。

陆稻适应旱作农业生境，水分来源主要依赖于降雨，通常采取直播旱作的耕种模式，与小麦、玉米等旱作作物相似。陆稻广泛分布于亚洲、非洲和拉丁美洲，亚洲作为主要耕作地区，其栽培稻仍以水稻为主，在非洲和拉丁美洲以陆稻种植为主，但相对于全球的稻作规模，陆稻占比相当小。

我国陆稻栽培历史悠久，如今在西南地区尚有在山坡上种植陆稻的习惯。当地山民一般在3月下旬将干种子直接撒播（或点播）于山坡地，待下雨种子吸水萌发，至11月稻子成熟时再上山收割。陆稻产量较低，但耐直播，具有很强的节水抗旱性。

水稻与陆稻的区别，如表2所示。

表2　水稻与陆稻的区别

农业生境条件	水稻	陆稻
播种方式	育秧移栽	直播
田块特点	有田埂，具备较好的蓄水能力，长期淹水，有犁底层	无田埂，不具备蓄水能力，有较好的排水性，无犁底层
土壤养分（氮素）	主要为铵氮形态，腐殖质丰富，肥力高	主要为硝氮形态，很少施肥，土壤贫瘠
土壤氧环境	厌氧环境	好氧环境

另外，在我国栽培的水稻类型中，有适应更深水层的深水稻（水层深度50～100厘米）和浮水稻（水层深度101～600厘米），还有一种新的栽培稻品种类型为节水抗旱稻，既具有水稻的高产优质特性，又具有陆稻节水抗旱特性。

（4）粘稻和糯稻

根据直链淀粉含量的不同，可分为粘稻和糯稻。粘稻的胚乳内含有10%～30%的直链淀粉，糯稻胚乳内的直链淀粉含量小于4%，甚至有些糯稻不含直链淀粉。直链淀粉含量的不同，造成它们的米粒形态上也有差异：粘稻米透明、腹白、呈半透明状态；糯稻米也就是糯米，呈乳白色不透明状态。糯稻又可分为籼糯稻和粳糯稻。

粘稻米与糯稻米

粘稻米与糯稻米的区别，如表3所示。

表3　粘稻米与糯稻米的区别

性状	粘稻米	糯稻米
米粒颜色	略透明，有光泽	乳白色，不透明
淀粉组成	10%～30% 的直链淀粉，其余为支链淀粉	几乎全部为支链淀粉，不含或含少量直链淀粉
碘液反应	淀粉吸碘性大，遇碘变蓝色	淀粉吸碘性小，遇碘变棕红色
蒸煮特性	糊化温度高，胀性大	糊化温度低，胀性小

以重庆市为例，根据上述水稻的分类，从水稻生态型分类来看，种植的水稻主要是籼稻；从水稻对日照长短的敏感性来看，种植的水稻主要是中稻；从直链淀粉含量来看，种植的水稻主要是粘稻。

从一粒种到一粒谷

水稻的一生，可分为两个时期，营养生长期和生殖生长期。

营养生长期，又可分为幼苗期和分蘖期。幼苗期就是从种子萌发到长出三片叶子；从第四片叶子长出来到它的节间伸长称为分蘖期。分蘖期从叶腋里不断有小分蘖长出来，这些小分蘖中以后能够自养成穗的，被称为有效分蘖，而不能自养成穗、主动消亡的，被称为无效分蘖。

生殖生长期，又可分为拔节孕穗期和开花结实期。拔节孕穗期主要是指从幼穗分化开始到抽穗为止，一般需要1个月左右的时间，这期间就包括了它的节间伸长和幼穗分化，一直到抽穗为止。开花结实期，水稻抽穗开花是5～7天，开花授粉以后就是灌浆结实，这个时间大概是1个月左右，根据海拔不同、气候不同而略有不同。

根据灌浆结实的状态不同，灌浆结实期又可分为乳熟期、蜡熟期和完熟期。完熟期后就可以收获了。

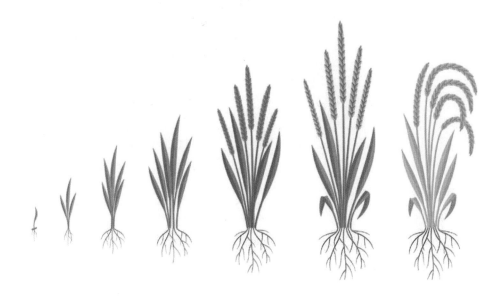

水稻的生长过程

　　重庆市种植的中稻，全部生长期约为 155 天，在海拔高的地方生长期要长一些，在海拔低的地方生长期则短一些。

　　"春种一粒粟，秋收万颗子"，耕地、育秧、移栽、施肥、防虫、防病、灌水等都离不开农民的辛勤劳作。从一粒谷加工成一粒米，还需要加工工人的辛勤工作。

从一粒谷到一粒米

　　（1）稻谷的结构

　　一粒谷子，其外层是谷壳（颖壳），即：内颖和外颖两个谷壳。内部是胚乳和胚芽。胚乳部分，又可以分为果皮、种皮和糊粉层。

　　（2）大米的营养成分

　　1 粒米含有 75% ~ 79% 的碳水化合物、大约 15% 的水分、6% ~ 7% 的蛋白质、0.4% ~ 1.5% 的灰分（主要是稻米中的矿物质）、

0.2%～2%的脂类和0.2%～1%的粗纤维等。

农民正在田间辛勤的劳作

从营养成分的分布来看，胚芽和糠层主要含有蛋白质、脂类和维生素。胚乳部分也就是我们可食用的部分，主要含有碳水化合物、蛋白质和水，其他物质的含有率并不高。

糠层也就是果皮层和糊粉层，含有一部分营养元素，如蛋白质、脂类、B族维生素，但是由于这部分的细胞壁非常厚，不容易被人体消化吸收，直接食用的话，口感差，不好吃。所以在磨米的时候，这部分会连同胚芽一起去除。

（3）大米的加工

首先，通过砻谷把稻壳去除，得到的就是糙米。再通过碾米，去除糙米的胚芽和糠层，得到精白米。

在加工精白米的时候，按照我国的国家标准，胚芽被保留75%以上的就叫胚芽米。

红米、黑米和紫米

　　根据糙米的颜色不同，可以分为红米、黑米、紫米等。稻米的果皮（种皮）部分含有大量的花青素，因为花青素含量不同，所以其颜色也有所不同，有红的、黑的、紫的。因此，我们吃的紫米都是带皮吃的，如果把这层皮脱掉，那紫米与普通的大米就没区别了。所以，这些米的口感相对差一些。为了提升口感，在加工的过程中，会打破种皮层，把它的糠层磨掉一部分。

红米　　　　　黑米　　　　　紫米

红米、黑米与紫米

重庆市的稻谷消费

　　重庆市的稻谷有哪些用途呢？79%作为口粮，18%作为饲料用粮，另外少量作为工业用粮和种子用粮。

　　重庆市居民中有约75%以稻谷为口粮。俗话说"手中有粮，心中不慌"，2020年有些主要的粮食出口国比如越南等限制出口，国内出现了一些抢米、囤米的现象。

　　到底该不该"抢米"？主讲人觉得是没有必要的。我国居民消费的口粮作物主要是小麦和水稻，2019年我国小麦和稻谷的产量超过3400亿千克，人均拥有量超过240千克。如果把这些稻谷、小麦都折算成大米和面粉，每天的人均拥有量约0.6千克。按这个供应量，供应是绰绰有余的，因此没有必要"抢米"。

从重庆市来看，作为国家粮食产销平衡区，每年水稻的种植面积约 655 千公顷，产量 487 万吨，可以说保证重庆稻谷的供应是没有问题的。虽然稻谷供应已不成问题，但结构调整需要重点关注。

这些年，在科研工作者的共同努力下，重庆市稻谷的品种结构已不断优化。据重庆市种子管理站统计，2018 年，在重庆市实际种植的 216 个水稻品种中，36% 以上的品种都是优质稻品种。另外，从优质稻的推广种植面积来看，优质稻种植面积占重庆市整个水稻种植面积的 60% 左右。

另外，重庆市除了渝西、渝中这些主要粮食产区，还有面积近 60 万亩，呈点状分布在海拔 500 米以上中低山区的优质米产区。好山好水出好米，这些地方气候比较适宜优质稻米生产，如南川米、花田米、马喇湖贡米等。2015 年，袁隆平院士在品尝了南川米以后，欣然题词"南川米好"。2016 年，南川米获"中国十大好吃大米"。

一粒种子要经历这么多复杂的过程，才能成为我们餐桌上的大米，这都离不开农民、加工工人的辛勤劳作和科研工作者的技术支持，所以我们一定要珍惜餐桌上的每一粒米。

讲座时间：2020 年 5 月 31 日

方立魁

　　重庆市农业农村委员会农技推广总站粮油作物科科长，研究员，2019 年入选重庆市学术技术带头人后备人选。

　　长期从事水稻优质高产栽培技术研究，发表论文 21 篇，其中 SCI 论文 6 篇。主持的"高产抗病杂交稻杰优 8 号的选育及推广应用"项目于 2014 年获重庆市科技进步奖三等奖；参加的"优质高产杂交水稻分子育种及品种应用"项目于 2016 年获重庆市科技进步奖二等奖。

主食三千，
我只说一颗米

　　我是本期讲座的主讲人张勇，今天与大家分享一颗米的故事。

　　大米，对于很多中国人，特别是南方人，是传统的主食。

　　如果能解决主食的保障问题，那么也就基本能解决吃饭和生存问题。这就是一旦遇到突发情况，很多居民会优先囤大米的原因。

　　相对于其他食物而言，大米确实有一些不可比拟的优势，这些优势决定了大米在我们餐桌上的主食地位。今天，我们主要从营养和健康的角度来谈一谈大米。

一些常见的主食

大米

什么是主食？

所谓主食，是我们日常饮食中最主要的食物。

大米的成分

1颗大米中 75% 是淀粉、13% 是水、10% 是蛋白质，还有 2% 左右的脂肪，以及非常微量的矿物质和维生素。由这组数据可以看出大米最主要的营养成分就是淀粉，也被称为"碳水化合物"或者"糖"。

大米的优点

（1）能量密度高

每 100 克大米能提供给人体的能量大约是 350 卡。从理论上讲，300 克大米即可满足成年人一天的基本能量需求，平均每餐大概 100 克大米。

大米的能量密度

大米的能量密度很高，大约是蔬菜的 35 倍，也就是 3500 克的蔬菜才含有 100 克大米所含的能量。如果只能通过蔬菜来摄入这么多能量的话，那么我们就需要不停地进食。

大米是除油脂以外的能量密度较高的食物之一，但是油脂并不是人体的主要能量来源，人体的主要能量来源是碳水化合物。因此像大米这种富含碳水化合物的食物才具备作为主食的资格。

（2）易储存

加工好的大米，在常温条件下至少可以保存 6 个月，如果储存条件控制得好并采用一些保鲜技术，如采用真空包装技术，理论存放时间为 3 ～ 4 年。良好的储存性使得大米成为一种可用于储备的食物。

用密封罐保存的大米

大米为什么容易保存?

　　大米还有一个特性就是容易保存,这是大米或稻谷作为储备粮的一个重要原因。大米的水分含量只有13%,这样的含水量使大米对各种微生物而言就相当于一片沙漠,非常不利于各种微生物的生长。

　　(3)易烹调

　　人们把大米作为主食,还有一个重要原因就是它的加工烹调方法比较简单。大米只要加适量的水并简单加热,很快就可以煮出黏稠适度、香甜可口的米饭或米粥,这种烹调方法要比做面条简单得多。

米饭

　　米饭也有很多搭配和吃法,除了白米饭,还有炒饭、盖饭、拌饭,等等,适用的饮食场景非常多。

　　(4)适口性好

　　煮熟的大米洁白晶莹、香甜可口,有很好的适口性而且易于消化,是绝大多数人乐于接受的一种食物。一碗香喷喷的大米饭,让人回味无穷。

大米的缺点

（1）营养相对单一

虽然大米有很多优点，但是随着食物品种越来越丰富，越来越多的人不推荐把大米作为主食，甚至有人把大米看成是一种不健康的食物。这又是为什么呢？

通过精加工，稻谷变成了大米，变得更好吃也更容易被消化吸收了。但是在加工过程中，稻谷中的一些营养素被破坏掉了，尤其是B族维生素损耗很大。从这个角度看，加工后的大米就变成了一种营养相对单一的食物，如果饮食搭配再相对单调，过度依赖大米，而缺乏蔬菜、肉类等食物搭配，就容易出现如B族维生素缺乏的问题，导致精神萎靡、皮肤感觉异常等。

（2）容易升血糖

前文提到过，大米的主要成分是淀粉，淀粉实际上就是"打包好"的葡萄糖。经过消化，淀粉中的糖很快就释放出来了。在小肠里，淀粉释放糖的速度仅比直接吃糖慢20%左右。因此，米饭对血糖升高的作用，还是比较快的。

现在很多人身材比较胖或者血糖比较高，在这种情况下，如果再多吃米饭的话，就会进一步增加肥胖或患糖尿病的风险。对于糖尿病患者而言，多吃米饭还会加重他们的病情。

大米的选购

大米有较长的储存期，如果在储存过程中温度、湿度等条件控制不好，大米就容易发霉、长虫，甚至出现霉菌毒素。

因此在选购大米的时候，尽量不要购买快到保质期的大米。如果发现大米已经黄变或者有霉味，更要拒绝购买和食用。

如果打算适当储存一些大米，最好购买真空包装的大米，并把它放在阴凉干燥的地方存放。

食用大米的注意事项

（1）不要过度淘洗大米

大米是稻谷通过多道工序加工的半成品，在加工过程中，稻谷中的维生素、微量元素损失比较多。如果大米被过度淘洗，就会进一步加重大米所含维生素等营养物质的损失。

适度淘洗大米

（2）合理搭配，发挥大米的主食作用

为了解决大米营养成分单一、升血糖作用明显的问题，可以把大米和其他的食物搭配食用。大米和其他食物搭配的方式很多，可以与玉米、高粱米、小米、黑米、薏米等粗粮搭配，也可以与红薯、土豆、山药等薯类搭配，还可以与红豆、绿豆、豌豆、蚕豆等豆类搭配。这些食物搭配，一方面可以丰富口感，稀释大米中的能量，弥补大米的营养缺陷，另一方面对控制体重、血糖也大有益处。

杂粮粥

（3）大米的一些不健康吃法

大米的用途很多，可以制作各种小吃和糕点，如米粉、米线、米饼、凉粉、糍粑、米糕、米花糖等。大米在制作糕点的后续加工过程中，会进一步损失营养物质，还会变得更油、更甜、更咸，对人体健康不利，要尽量不吃或少吃这些食物。

为什么要少吃主食？

大米能量密度高，在食物比较匮乏的情况下，大米是一种很优质的食物，也算是一种营养品。但在食物充沛的情况下，大米更容易导致人们出现能量摄入过剩的问题，能量摄入过剩的直接表现就是体重超过正常水平。在日常生活中，我们会发现身边一些比较胖的人会被提醒少吃主食，就是基于这个道理。

讲座时间：2020 年 5 月 31 日

张勇

博士，重庆医科大学公共卫生学院教授，硕士生导师。研究方向为食物营养与健康、食物营养与慢性疾病、疾病的营养干预。

重庆市医科大学附属第二医院健康管理中心客座教授，重庆市营养学会理事，重庆市营养学会公共营养专委会副主任委员，中国营养学会营养毒理学分会委员，重庆市食品安全地方标准审评委员会委员，食物营养与检测专委会副主任委员，教育部学位评审专家，重庆市科学技术局项目专家，四川省科学技术厅项目专家，国内外多家学术期刊审稿人，重庆市科协首批重庆市院士专家科普讲师团成员，重庆市健康科普专家库首批首席专家。

主持、参与国家和重庆市科研课题 20 余项，其他横向课题 10 余项，发表科研论文 50 余篇。参编专业书籍 5 本。获得教育部科技进步奖二等奖，"重庆市营养学会先进科技工作者""重庆市三下乡先进工作者"等荣誉称号。

寻碳溯源——
能干的二氧化碳

我是本期讲座主讲人刘松，今天与大家一起开启绿色低碳之旅。

近年来，碳达峰、碳中和备受关注，在2020年的政府工作报告中，做好碳达峰、碳中和工作被列为2021年重点工作，"十四五"规划也将加快推动绿色低碳发展列入其中。那么，什么是碳达峰，什么是碳中和呢？

碳达峰、碳中和

我国在2020年第75届联合国大会上宣布，我国二氧化碳的排放量努力争取于2030年前达到峰值，2060年前实现碳中和。碳达峰和碳中和中的"碳"指的就是以二氧化碳气体为代表的温室气体。碳达峰指碳排放达到峰值，随后进入平稳下降阶段。碳中和则是指，将一定时间内全社会直接或间接产生的温室气体排放总量通过植树造林、节能减排等形式抵消，实现二氧化碳的零排放的过程。

二氧化碳等温室气体引发了地球一系列的变化，气温升高会让冰川融化、海平面上升和水温升高，这些增加的热能会提供给空气和海洋巨大的动能，会引发大型甚至超大型的台风、海啸或者是全自然的灾难。还有研究表明，随着全球气候的变暖，将会使原本局限在热带和亚热带流行的肠道传染病、虫媒传染病和寄生虫病逐渐向温带甚至寒带地区扩散。

要实现碳中和的目标，我们要做好加减法，减少二氧化碳等温室气体的排放，增加植物碳吸收、发展碳捕集和封存技术，最终才能实现碳排放量和吸收量的平衡。

二氧化碳气体有没有毒呢？回答这个问题之前先给大家分享一个故事。

在印度尼西亚的爪哇岛，有一个奇怪的峡谷山洞，当人领着狗走进峡谷时，狗很快就会晕倒，人却安然无恙，但当人弯下腰去救狗时，人也头晕了，当时人们一直以为是峡谷中有杀人的妖魔。在矿井下也常有类似的事情发生，当矿工们下到久未开采的煤矿坑道中，常常会晕倒，而且无论下去多少人都无法救他们上来，因为下去救援的人也会晕倒，你们知道这是为什么吗？

这是因为在这些峡谷山洞里常常积存有二氧化碳气体。二氧化碳是一种不能供给呼吸的气体，而且它的密度比空气要重，聚集在靠近地面的位置。当二氧化碳体积分数达到1%时，人就会感到气闷、头昏、心悸；在4%～5%时，人就会感到气闷、头痛、眩晕；达到6%时，人就会神志不清、呼吸停止，甚至死亡。因为狗比人矮，而下层空气中二氧化碳浓度更大，所以狗很快就窒息了。当人弯下腰后，也吸入了一定浓度的二氧化碳气体，自然也就会晕倒。在矿井的坑道里也同样聚集着大量的二氧化碳气体。因此，安全的矿井必须有良好的通风设备才能正常生产。

在农村偶然也有这样的事情发生，比如一个人走进放菜的地窖，突然晕倒了，这也是二氧化碳干的坏事，严重点还会闷死人。

二氧化碳除了不能供给人呼吸，以及密度比空气大，还有一个重要的特征，即在通常情况下不燃烧，也不支持燃烧。假如有人进入很久没有开启的菜窖时，你可以建议他先做灯火实验——点燃一支蜡烛，把它伸到菜窖的底部，如果蜡烛燃烧得不旺或者熄灭，说明二氧化碳的浓度很高，不能进去。这时应该打开菜窖，或者用电风扇进行通风，把二氧化碳气体赶出去，这个时候人再进去就安全了。

　　自然界中的二氧化碳主要来自生物的呼吸作用、化石燃料的燃烧，比如煤炭、天然气、柴油、汽油的燃烧。微生物的分解过程也会产生大量的二氧化碳气体，比如有机物的分解、发酵、腐烂、变质的过程，都可以释放二氧化碳气体。二氧化碳气体可以通过植物的光合作用进行固定。

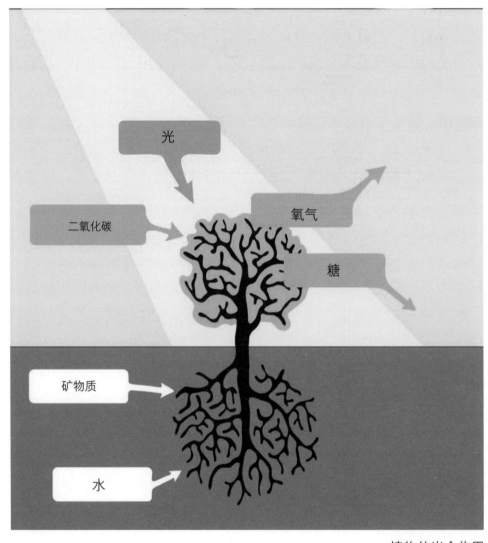

光

二氧化碳

氧气

糖

矿物质

水

植物的光合作用

光合作用

　　光合作用是自然界中植物进行的一种生物化学过程。在这个过程中，植物通过捕获阳光能量，将二氧化碳（CO_2）和水（H_2O）转化为能够为生物体提供能量的有机物，如葡萄糖（$C_6H_{12}O_6$），同时释放氧气（O_2）。

　　简单来说，光合作用就是植物利用阳光，将二氧化碳和水转化为食物（如葡萄糖）和氧气的过程。这个过程对于地球上绝大多数生态系统都非常重要，因为它是绝大多数生物的能量来源，同时也为我们提供了呼吸所需的氧气。

　　在原始社会时期，人类在生活实践中其实就已经感知到了二氧化碳的存在。他们把看不见、摸不着的二氧化碳看成是一种杀生而不留痕迹的凶神妖怪，而并非是一种物质。

　　在 3 世纪时，中国西晋时期的张华，在他所著的《博物志》一书中就记载了一种烧白石，也就是我们现在所熟知的碳酸钙，它在制作白灰的过程中可以产生一种气体，这种气体便是如今工业中用于生产二氧化碳的窑气。这是已知关于二氧化碳最早的记录。

　　在古代，由于科技发展水平有限，人们眼中的气体只有一种，那就是空气。古人认为空气的成分是单一的，只有它自己，无论是香的、臭的、有刺激性的，还是会毒死人的，它们都只有一个共同的名字——空气。

　　这显然是一个错误的观点。我们现在已经知道，空气是一种混合物，也就是说它是一个大家庭。其中，氮气是老大，体积占比约为78%；氧气是老二，体积占比约为21%；剩下的部分包括二氧化碳气体、稀有气体等。

　　你别看二氧化碳的含量仅占空气的 0.03%，在空气里一点儿也不起眼，它却是最早被人类发现的。

空气的主要成分

空气是我们周围的气体混合物，主要包括以下几种成分：

（1）氮气（N_2）：大约占空气体积的 78%。氮气是空气中最多的成分，但是直接的生物活动很少使用到它。尽管如此，一些细菌和植物可以"固氮"，将氮气转化为其他生物可以利用的形式。

（2）氧气（O_2）：大约占空气体积的 21%。氧气是动物和人类呼吸所必需的，也是火焰燃烧的必要条件。

（3）氩气（Ar）：大约占空气体积的 0.9%。氩气在大气中的含量比较少，它是一种惰性气体，基本上不参与化学反应。

（4）二氧化碳（CO_2）：大约占空气体积的 0.03%。尽管含量很少，但二氧化碳在地球的气候系统中起着关键的作用。它是一种温室气体，可以吸收并释放热量，有助于地球保持温暖。同时，植物也需要二氧化碳进行光合作用。

（5）其他气体：包括氖、氦、氪和氙等惰性气体，以及一些微量的其他气体，如臭氧、氮氧化物和硫化物等。

（6）水蒸气：空气中的水蒸气含量会随着地点和时间的变化而变化，大约占 0.001% ~ 4%。水蒸气是地球气候系统中的另一种重要成分，也是一种温室气体。

以上是大气的主要成分，空气中还包含一些微量的其他物质，如尘埃、花粉、微生物、工业污染物和其他污染物等。

17 世纪初，比利时医生海尔蒙特发现，木炭燃烧后除了产生灰烬，还会产生一些看不见、摸不着的物质。他通过实验证实了这种被他称为"森林之精"的二氧化碳是一种不助燃的物质，确认了二氧化碳是一种气体，还发现烛火在该气体中会自然熄灭，这是二氧化碳惰性性质的首次发现。

17 世纪，德国的化学家霍夫曼对被他称为"矿精"的二氧化碳气体进行研究，首次推断出二氧化碳的水溶液具有弱酸性。

1757 年，英国化学家布莱克第一个用定量的方法研究了被他称为固定空气的二氧化碳气体，二氧化碳在此后一段时间内都被称作固定空气。

1766 年，英国科学家卡文迪许成功地用汞槽法收集到了固定空气，并用物理方法测定了其相对密度及溶解度，还证明了它和动物呼出的气体，以及木炭燃烧产生的气体是相同的。

1772 年，有着近代化学之父尊称的法国科学家拉瓦锡用放大镜聚光加热放在汞槽玻罩上的金刚石，发现它会燃烧，而其产生的气体就是固定气体。同年，科学家普里斯特利研究发酵气体时发现，压力有利于固定空气在水中的溶解，温度升高则不利于溶解。这一发现使得二氧化碳被应用于人工制造碳酸水，也就是我们喜欢的汽水。作为第一个发明人造碳酸饮料的人，普里斯特利被誉为碳酸饮料之父。

1774 年，瑞典化学家贝格曼在其研究固定空气的论文中叙述了固定空气的密度、固定空气在水中的溶解性、对石蕊的作用、被碱吸收的情况、在空气中的存在情况、固定空气水溶液对金属锌铁的溶解作用等的研究成果。

1787 年，拉瓦锡在发表的论述中讲述将木炭放在氧气中燃烧后产生的固定气体，肯定了固定气体是由碳和氧组成的，由于它是气体，所以将它的名字改为碳酸气。同时，拉瓦锡还测定了它含碳和氧的质量比，首次揭示了二氧化碳的组成。

1797 年，英国化学家坦南特用分析的方法测得固定空气含碳 27.65%、含氧 72.35%。

1823 年，英国科学家法拉第发现，加压可以使碳酸气液化。同年，法拉第和戴维首次液化了碳酸气。

1834 年，德国人蒂罗里尔成功制成干冰，也就是固态的二氧化碳。

1840 年，法国科学家杜马把经过精确称量的含纯粹碳的石墨放进充足的氧气中燃烧，并且用氢氧化钾吸收生成的固定空气，计算出固定空气中氧和碳的质量分数分别为 72.734%、27.266%。此前，阿伏伽德罗于 1811 年提出了假说，在同一温度和压强下，相同体积的任何气体都含有相同数目的分子。化学家结合氧和碳的原子量，得出固定空气中氧和碳的原子个数比为 2：1。又以阿伏伽德罗于 1811 年提出的假说为依据，通过实验测出固定空气的分子量为 44，从而得出固定空气的化学式为 CO_2，与此化学式相应的名称便是二氧化碳。

讲到这里，二氧化碳气体终于有了自己真正意义上的名字。

二氧化碳的物理性质和化学性质

二氧化碳（CO_2）是一种无色、无味、无臭的气体，化学上属于氧化物。它在大气中存在，并参与许多生物和化学过程。以下是二氧化碳的物理和化学性质：

物理性质

（1）无色、无味、无臭的气体。

（2）密度：相对于空气，二氧化碳的密度较大，大约是空气的 1.5 倍。

（3）溶解性：二氧化碳能轻易地溶于水中，生成碳酸。

（4）沸点：二氧化碳在 −78.5℃时会直接从固态即干冰升华为气态。二氧化碳没有液态存在的条件，处于固态时不能通过增加压力变为液态，但可以通过增加温度使固态二氧化碳变为气态。

化学性质

（1）稳定性：在常温下，二氧化碳是一种非常稳定的物质。它不容易被还原或氧化。这种稳定性使它很难参与许多化学反应。

（2）酸性：当二氧化碳溶于水中时，会生成碳酸（H_2CO_3）。碳酸是一种弱酸，可以与许多金属发生反应，生成碳酸盐。

（3）反应能力：二氧化碳还能与强碱反应生成碳酸盐，如与氢氧化钠（NaOH）反应生成碳酸钠（Na_2CO_3）。此外，二氧化碳也可与石灰水 [$Ca(OH)_2$] 反应生成碳酸钙（$CaCO_3$）沉淀。

（4）热分解：在高温下，二氧化碳可能发生分解，生成一氧化碳（CO）和氧气（O_2）。这种分解通常发生在高温燃烧反应中。

（5）光合作用：二氧化碳在绿色植物的光合作用中起到关键作用,绿色植物通过吸收阳光能量将二氧化碳和水转化为有机物和氧气。

每一瓶汽水都是我们对夏天酸酸甜甜的记忆，"嘶"的一声，这是开启瓶盖的声音，丝丝的凉气从沁着水珠的瓶口冒出来，冰块的碰撞伴随着小气泡不断地翻涌。真的是夏天最凉快的声音了。

汽水

汽水本身是一种碳酸饮料，我们都喜欢喝。汽水为什么会让人欲罢不能？人们喜欢喝汽水有科学依据吗？是因为汽水是甜的，所以让人产生一种愉悦感吗？

虽然科学早已证明了甜味儿是一种人类幸福感的重要来源，但是很遗憾，这并非是汽水让人欲罢不能的原因，更主要的原因其实还在"气"字上。

普里斯特利的人造碳酸水问世以后并没有大规模生产，随着工业革命的到来，大量的工业机器应运而生，其中就包括在水中打入致密气泡的加压机。这种加压机原本的用途是为了进行工业材料的生产和加工，当时的欧洲人在一次偶然中发现，加压打入密集气泡的水对人的舌头会产生前所未有的刺激，这种刺激感新颖而美妙，短时间内便捕获了许多人的心，于是，汽水这种产品便应运而生。

在汽水火遍欧洲后不久，印度、巴西等国纷纷开始种植含糖作物，让世界各个阶层的人民都能品尝到糖的甜美。而欧洲人在尝到糖之后，迫不及待地将糖和汽水组合到一起，不仅拥有清爽刺激的口感，又有糖的甜美和满足，两种快乐交织在一起是一加一大于二的快乐。如果能再冰镇一下，那将是飞一般的感觉和体验。

汽水为什么会让人心旷神怡?

一是汽水通常含糖分和香料，甜味和特别的味道可以刺激我们的味蕾，带来愉快的感觉。

二是汽水中的碳酸气泡可以刺激口腔和喉咙的感觉神经，给人一种清新和振奋的感觉。

三是对于许多人来说，喝汽水可能与愉快的记忆或经历有关，如在炎热的夏天享受冷饮，或者在看电影时喝汽水。这些联想可能会使喝汽水变得更加愉快。

四是一些汽水，如可乐，含有咖啡因。咖啡因是一种兴奋剂，可以提高心率和注意力，使人感觉更加清醒和精神。

然而，尽管汽水可能会带来短暂的愉快感，但需要注意的是，过度饮用含糖汽水可能会导致健康问题，如肥胖、糖尿病和蛀牙等。

二氧化碳除了可以作为碳酸饮料的主要成分，在生活当中还有哪些有趣的用途呢?

固态的二氧化碳又叫干冰，可以用来作为制冷剂。干冰升华直接变成气态的过程需要吸收大量的热量，从而降低了周围的温度，所以干冰经常用来做制冷剂。古人用冰块来保鲜，但现在用干冰来保鲜比冰块的优势更加明显，既可以降低温度，又可以使细菌无法繁殖。干冰升华后不会留下液体，这样比冰块冷藏更清洁干净，不会使食物潮湿。同时，由于干冰升华后生成的二氧化碳密度大于空气，因此二氧化碳气体会附着在食物的表面，使食物与氧气隔绝，达到抑制细菌滋生、减缓其新陈代谢速度的作用，有利于果蔬、海鲜产品保持新鲜不变质。

值得一提的是，用干冰制作美食，还可以营造温馨浪漫的氛围，让食客产生如临仙境的愉悦感觉。如今，采用干冰来制作美食，已经成为不少高档餐厅的烹饪方法。

干冰还有一个很重要的作用，就是用来增强舞台效果。如1986年版《西游记》中，玉皇大帝、王母娘娘生活的天宫，观音菩萨的南海、佛祖的大雷音寺等地，成天云雾缭绕，给人超强的视觉享受。

　　那么，缭绕的云雾是怎么做出来的呢？其实这也是用干冰做出来的效果。当干冰升华为气体时，吸收大量热量，就把附近空气中的水蒸气冷凝成为无数的小水滴，这就是白雾。如果把热水淋在干冰上，这些白雾就显得更加浓厚，仿佛仙境一般。舞台上的特效就是在专用的机器中放入大量的干冰，根据需要开动风扇或者鼓风机吹动干冰进行升华，呈现出云雾的效果。

用干冰制造舞台上的雾气

　　同样是干冰，它还可以用来作为人工降雨的重要材料。固态的干冰升华为气态二氧化碳的过程会吸收大量的热量，空气中的水蒸气就会冷凝成液态的小水珠，人工降雨就可以实现了。

干冰的科学原理

干冰是二氧化碳的固态形式。在常压下，二氧化碳的三相点为 $-56.6℃$，而干冰的温度约为 $-78.5℃$，低于三相点。因此在常压下，干冰不会融化成液态，而是直接由固态升华为气态，这就是我们常说的"干冰升华"的现象。

在清洁工作中，干冰颗粒被喷射到待清洁的表面，由于温度极低，会使待清洁表面的污垢或涂层变得脆硬并收缩，同时干冰颗粒在撞击后会立即升华，产生大量的气体，气体膨胀会帮助清除表面污垢。

在化学工业上，二氧化碳是一种重要的原料，大量用于生产纯碱、小苏打、尿素、钛颜料、铅白等。在轻工业上，用高压溶入较多的二氧化碳可以用来生产我们喜欢的碳酸饮料、啤酒等。

二氧化碳还可以用来灭火。二氧化碳灭火器是一种非常重要的灭火工具，只要我们稍加注意就会发现，超市、学校、办公楼等很多公共场所都有一个个红色的钢瓶，它们就是泡沫灭火器。泡沫灭火器内装有碳酸氢钠溶液，还有一个玻璃瓶内胆，装有硫酸铝水溶液，竖直放置时，它们各自待在自己的瓶中，互不相干，一旦灭火器倒置，两种液体就会混合在一起发生化学反应，产生大量的二氧化碳，同时夹带着许多泡沫。物质的燃烧需要两个必备条件：一是要达到物质的着火点；二是要有氧气存在。这两个条件只要有一个不能满足，火就会熄灭。所以，当钢瓶里的二氧化碳和泡沫覆盖在燃烧物上面，将燃烧物与空气主要是氧气进行隔绝，火就会被扑灭，从而实现灭火的目的。

绿色植物吸收阳光，将二氧化碳和水合成有机物质并释放出氧气，这个过程称为光合作用。日光大棚是一种带来高收入、高产出、高效益的农业设施，抓好大棚种植的水、肥料、二氧化碳气体、阳光、热能等主要因子是提高大棚经济效益的关键。二氧化碳是大棚里的植物进行光合作用的重要原料，特别是在白天阳光照射下，急需大量的二氧化碳合成生长。实践证明，二氧化碳已经成为大棚增产的限制因素，所以需要人工及时地补充二氧化碳气体，这也是大棚产量高的关键。

二氧化碳气体在工业上还可以作为焊接的保护气体，这种焊接我们又叫作二氧化碳焊，在进行焊接时必须在室内完成，焊接时不能有风。因为二氧化碳的制造成本比较低且容易获取，所以这种焊接广泛应用于各大中小企业。

看到二氧化碳有这么多作用，你是不是觉得它很能干？它在生活中的用途实在是太多了。

接下来，再分享一些我们可以在家里完成的科学小实验。

第一个，模拟火山喷发。模拟火山喷发需要的材料主要有小苏打或者碱面、白醋，这些在厨房里就能找到，还有我们自制的火山模型，以及红色的色素。把小苏打粉末放到火山口上，将加入色素的白醋倒入火山口，观察现象：产生的二氧化碳气体形成红色泡沫喷涌而出，用来模拟火山喷发。

第二个，会跳舞的葡萄干。我们将葡萄干放到无色汽水中会发现，葡萄干会交替地上浮下落。这是什么原因呢？把葡萄干放到无色汽水中，无色汽水会迅速地释放出大量的二氧化碳小气泡，当葡萄干沉入杯底时，汽水中的二氧化碳气体吸附到葡萄干的表面，葡萄干和小气泡的组合的平均密度小于水，所以它们就会浮到水面上来。当葡萄干升到水面时，二氧化碳小气泡破裂，葡萄干于是又会沉下去。我们从杯子的外面观察，看起来就像是葡萄干在跳舞。

与二氧化碳有关的实验还有很多，大家可以开动脑筋，多尝试，体验科学的乐趣。提醒大家在实验中一定要注意安全。

二氧化碳在我们的日常生活中发挥着非常重要的作用，随着科学技术的进步及无数科学家的攻关探索，二氧化碳在未来将会进一步改变我们的生活。

不久前主讲人看到一条消息，中国在科研方面取得新突破，利用二氧化碳可以合成淀粉，看到这条消息时主讲人感到非常兴奋，二氧化碳气体如果能变成淀粉，那将会对我们的生活带来革命性的影响。

二氧化碳直接合成淀粉

不经过光合作用，直接用二氧化碳合成淀粉的过程，通常被称为化学合成或人工合成。这个过程涉及利用人工合成催化剂或者酶来加速反应，先将二氧化碳转化为葡萄糖，然后进一步将葡萄糖合成淀粉。

这个过程通常需要高温和高压条件，以便加速反应并促进分子之间的结合。实际上，这是一种能量密集型的过程，因为它需要耗费大量的能量才能促进反应的发生和维持反应过程中的化学平衡。

另外，这种人工合成的过程还面临一个问题，那就是需要巨大的能量投入，而且过程极为复杂，所以实际上需要大量的时间和资源才能成功合成淀粉。因此，目前这种方法还很难被广泛应用和推广。

随着时代的进步、技术的发展，二氧化碳还会在塑料制造、新型材料、液态燃料等更多的领域发挥举足轻重的作用，二氧化碳的价值会被更大地挖掘出来，让我们拭目以待。

讲座时间：2021 年 11 月 24 日

刘松

重庆市巴川中学教科处副主任，中学高级教师。重庆市基础教育教研项目评审专家库入选专家，重庆市教育评估研究会中小学学科素养评价专业委员会副理事长，重庆市教育学会科技创新教育专委会理事。

先后获评铜梁区首届青少年科技创新区长奖、铜梁区优秀教育人才、铜梁英才、龙乡工匠、重庆市第二届优秀科技教师工作室主持人、重庆英才－青年拔尖人才（2020年重庆基础教育唯一入选者）、中国STEM教育协作联盟"最美科学教师"、中国青少年科技教育工作者协会高级科技辅导员。先后荣获铜梁区、重庆市基础教育教学成果一等奖，在重庆市优质课比赛、教具制作、微课制作、学科论文评选等比赛活动中荣获一等奖40余次。主持、参与省部级研究课题项目11项，发表文章40余篇，参编《科技活动与创新》等7部著作均已出版并在全国多个省市使用。

寻碳溯源——
二氧化碳之旅

　　我是本期讲座的主讲人吴莉萍。今天与大家一起聊聊碳对气候和人类的影响。

　　大家应该经常听到"碳减排""碳中和""双碳""低碳"等词汇。2020 年 9 月 22 日，习近平主席在第 75 届联合国大会上提出，中国二氧化碳排放力争于 2030 年前达到峰值，努力争取 2060 年前实现碳中和。这个目标也就是我们常说的"3060"目标，它体现了碳减排碳中和是我国高质量发展的内在要求，成为未来很长一段时间社会经济发展的总抓手。

气候

　　不同于反映气象要素短期状况的天气，气候指一个特定区域，比如一个国家、地区或城市等，在一段较长时期里的平均气象状况（包括温度、湿度、气压、风、云量、降水量等气象要素）及变化特征。根据世界气象组织（WMO）的定义，用作气候统计的参考年期一般不少于 30 年。

　　一个地方的气候受该地的纬度、地形、海拔、冰雪覆盖情况与附近水体和水流状况等影响。根据不同气象要素的平均范围和特殊范围可对气候进行分类，主要用于经济规划，特别是农业生产规划做参考。气候分类法很多，主要依据热量、水分、风力、风向、天气类型等进行划分。

　　我国气候复杂多样，从气候类型上看，东部属季风气候（又可分为亚热带季风气候、温带季风气候和热带季风气候），西北部属温带大陆性气候，青藏高原属高寒气候。从温度带划分看，有热带、亚热带、暖温带、中温带、寒温带和青藏高原区。从干湿地区划分看，有湿润地区、半湿润地区、半干旱地区、干旱地区之分。

二氧化碳

　　二氧化碳由两个氧原子与一个碳原子通过极性共价键连接而成。空气中有微量的二氧化碳，体积占比平均约0.04%，且因人为排放的增加，占比还在逐步上升。二氧化碳在常温常压下为无色、无味、不助燃、不可燃的气体，微溶于水，可与水反应形成一种弱酸——碳酸，是最重要的温室气体之一。二氧化碳用途广泛，是植物光合作用的主要碳源，可以用作植物温室的气体肥料；可用于杀菌、灭菌，填充于密封罐用以保存食物，也可用于塑料行业的发泡剂、焊接保护气及制碱工业和制糖工业等。气态二氧化碳可转化为固态，形成干冰，能够急速冷冻物体和降低温度，生活中常用于人工降雨、云雾制造、冷冻及食品制造等过程，也可用来清理核工业设备和印刷工业的版辊，用于汽车、轮船、航空航天与电子工业领域。

生物圈

　　生物圈是指地球上最大生态系统，是地球的一个外层圈，其范围为海平面上下垂直各约10千米（共约20千米）。它包括大气圈的底部、大部分水圈和岩石圈表面。从地质学的广义角度看，生物圈是结合所有生物及它们之间关系的全球性的生态系统，包括生物与岩石圈、水圈和大气圈等的相互作用。生物圈是一个封闭且能自我调控的系统。一般认为生物圈是从35亿年前生命起源后演化而来的。简单来讲，地球上所有的生物体和赖以生存的环境合称为生物圈。

岩石圈

　　岩石圈是地球上部相对于软流层而言的坚硬的岩石圈层，一般认为包括全部地壳和上地幔的顶部，厚约60～120千米，为地震高波速带。岩石圈之下为地震波低速带、部分熔岩层和厚约100千米的软流层。

　　根据板块构造学说，岩石圈并非整体一块，而是由许多板块组成。岩石圈可分为六大板块：欧亚板块、太平洋板块、美洲板块、非洲板块、印度洋板块、南极洲板块。

水圈

　　水圈是指地球上所有的水及其所构成的系统。地球上的水以气态、液态和固态三种形式存在，包括大气水（雨、雪等）、海水、陆地水（江、河、湖、沼泽、冰、地下水和土壤水等），以及生物体内的生物水。地球表面约71%被海洋所覆盖，海水盐度约为3.5%。水圈与岩石圈、生物圈、大气圈、磁圈等其他地球外表圈层高度重叠，共同形成地球的生态圈。

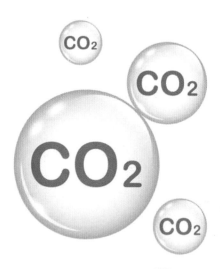

大气圈

　　大气圈又称大气层，是因重力关系而围绕着地球的一层混合气体，是包围着海洋和陆地的地球最外部的气体圈层。

　　通常认为大气圈总厚度超过 500 千米，没有确切的上界，因为在离地表 2000 ～ 16000 千米高空仍有稀薄的气体和基本粒子。

　　大气层是分层的，通常按其成分、温度、密度等物理性质在垂直方向上的变化分为五层，自下而上依次是：对流层、平流层、中间层、热层和外层，五部分逐级递增向太空延伸，气体逐渐变得稀薄。其中，对流层是紧贴地面的一层，由于存在强烈的对流运动，形成云、雨、雪等复杂的天气现象，与地表自然界和人类关系最为密切。对流层顶到 50 ～ 55 千米的高空是平流层，气流运动以水平运动为主，相对平稳，阻止太阳的有害紫外线照射地球的臭氧主要分布在平流层。

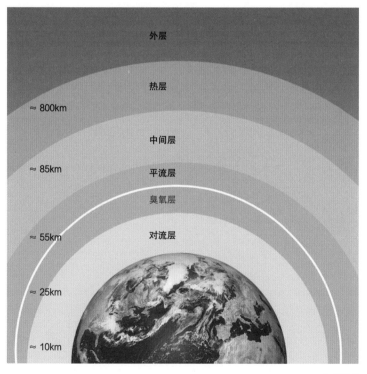

大气圈

因为二氧化碳的物理化学特性，可以变身为 CO_3^{2-}、HCO_3^-、$(CH_2O)_n$ 等，在地球的各个圈层内活动。大家把碳在生物圈、岩石圈、水圈及大气圈中交换，并随地球的运动循环不止的现象称作碳循环。

地球有着优雅的生命轮回，数十亿年来，循环至今。植物和微生物从大气中吸收二氧化碳，利用太阳的能量将二氧化碳转化为氧气，以及自身生长所需要的糖分。当然在它们的生长过程中也会通过呼吸作用等释放一部分二氧化碳进入大气。动物则通过进食植物获得能量并呼出二氧化碳。所有的动植物都会死亡，其残骸会被细菌等微生物分解，归于土地孕育新的植物。类似的循环也发生在海洋里。珊瑚和浮游生物需要水中的碳才能生存，所幸海里有从大气中吸收的碳，同时当雨水降到地面，也会带着陆地上的碳流进海洋，珊瑚、浮游生物等得以生存，也供养了食物链上的动物，动物机体承载的碳，部分会通过分解等作用回到大气，部分会留存在土壤、底泥中。留存在土壤、底泥中的碳，一部分会通过火山爆发等回到大气中，开始新的循环，另一部分在特殊条件下会变成煤炭、石油、天然气，通过人类的使用重新进入大气，开启新的循环。这个绝妙的体系让地球碳循环稳步进行。

我们可以看到，碳在陆地、海洋、土壤、生物体中不断转化。在整个过程中，光合作用起到了非常核心的作用。它的发现，揭示了二氧化碳从大气进入生物圈的过程。光合作用的发现经历了很长的过程。最初人类认为植物体内的全部营养物质，都是从土壤中获得的。但有科学家怀疑，真的是这样吗？

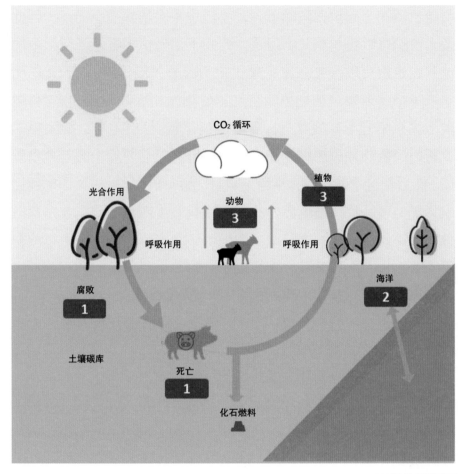

二氧化碳循环

　　1648 年，荷兰科学家范·赫尔蒙特盆栽柳树称重实验，将一株柳树苗和烘干的土壤称重后栽在一个密封的桶里，并用铁盖封上。给树苗浇水并于 5 年后再次称重，发现小树增重 74.47 千克而土壤只损失了 0.06 千克，他得到一个结论，植物生长不是来源于土壤而是水。对于这个结论，很多人仍有质疑。1727 年，英国植物学家斯蒂芬·黑尔斯提出植物生长时以空气为营养。其实，我国明代科学家宋应星在《论气》中也有这样的描述"人所食物皆为气所化，故复于气耳"。1771 年，英国科学家普里斯特利用实验方法证明了这个说法，将点燃的蜡烛与绿色植物一起放在一个密闭的玻璃罩内，蜡烛不容易熄灭；将小鼠与绿色植物一起放在玻璃罩内，小鼠也不会很快窒息而死。因此，他指出植物可以更新空气。但是，他并不知道植物更新了空气中的哪种成分，也没有发现光在这个过程中所起的关键作用。1779 年荷兰化学家英格豪斯发现植物更新空气需要阳光和绿叶。1785 年科学家发现植物在阳光下释放氧气，吸收二氧化碳。1864 年，德国科学家萨克斯把绿色叶片放在暗处几个小时，目的是让叶片中的营养物质消耗掉。然后把这个叶片的一半用光照射，另一半遮光。过一段时间后，用碘蒸气处理叶片，发现遮光的部分没有发生颜色变化，被光照射的部分则呈深蓝色。这一实验成功地证明了在光合作用中产生了淀粉，揭示了绿色叶片的作用和光合作用的产物是有机物。光合作用暗反应、光反应等更加深入的机制也陆续由科学家研究发现了。

总体而言，不管是大气、土壤、海洋、生物圈、岩石圈，都会有碳的存在，而且在自然的作用下维持着动态的平衡。

既然自然界有一套体系维持碳的平衡，那现在为什么要对二氧化碳进行控制呢？这里就不得不说一说气候变化这件事了。

气候变化是什么含义？气候变化是特定地点、区域和全球的长时间气候改变，通常会用如温度、降水量等与平均天气有关的特征要素来度量。太阳辐射、大气环流、人类的活动，地面的状况都会对气候产生影响。但是对于气候变化，是怎样的变化趋势，是气候变暖还是气候变冷，其实科学界还存在很多的争议，但目前主流的认识是全球存在气候波动性变暖的趋势，而不是由于某些天气现象造成的突然性结果。研究表明，不管是地面温度还是海洋温度，以 1880—1900 年的平均温度为基准，现在的温度都有上升。2020 年，全球平均温度较工业化前水平（1850—1900 年的平均值）高出 1.2℃，是有完整气象观测记录以来的三个最暖年份之一；2011—2020 年，是 1850年以来最暖的十年。2020 年，亚洲陆地表面平均气温比常年值高出1.06℃，是 20 世纪初以来的最暖年份。

气候变化

　　气候变化是指温度和天气模式的长期变化。引起气候变化的原因包括太阳活动的变化、大型火山爆发等自然原因，也包括人类活动的原因，例如煤炭、石油和天然气等化石燃料的燃烧就是其中最重要的原因。气候科学家表示，人类活动是过去两百年来全球变暖的最主要原因，人类活动产生温室气体排放，造成全球变暖的速度比过去两千年的任何阶段都要快。气候变化不仅意味着温度升高，还意味着严重的后果，包括极端干旱、缺水、重大火灾、海平面上升、洪水、极地冰层融化、灾难性风暴，以及生物多样性减少等，对我们每个人都会产生不同程度的影响。

太阳辐射

　　太阳辐射是指太阳从核聚变所产生的能量，经由电磁波传递到各地的辐射能。大约有一半的频谱是电磁波谱中的可见光，而另一半有红外线与紫外线等频谱。如果紫外线没有被大气层或是其他的保护装置吸收，它会造成人体皮肤的色素变化等。测量上通常都用全天日射计与银盘日射计等仪器来测量太阳辐射。

大气环流

大气环流是指地球表面上大规模的空气流动，是热量和水汽重新分配的途径之一。它既包括平均状态，也包括瞬时现象，其水平尺度在数千千米以上，垂直尺度在 10 千米以上，时间尺度在数天以上，是大范围的大气运行现象。

大气环流的形成原因有四种：一是太阳辐射，由于地球的自转和公转，地球表面接受的太阳辐射能量不均匀，热带地区多，而极地区域少，热量的传输形成大气的热力环流。二是地球自转，在地球表面运动的大气受地转偏向力作用而发生偏转。三是地球表面海陆分布不均匀。四是大气内部南北之间热量、动量的相互交换。

观察到气候变暖这个现象，科学家在寻找引发原因的时候，发现了温室气体通过温室效应所带来的问题。温室气体是会吸收和释放红外线辐射并存在大气中的气体，包括二氧化碳（CO_2）、甲烷（CH_4）、氧化亚氮（N_2O）、氢氟碳化合物（HFCs）、氟碳化合物（PFCs）、六氟化硫（SF_6）和水蒸气、臭氧等，其中前六种物质是《京都议定书》管控物质。不同温室气体具有不一样的吸热能力，二氧化碳的全球增温趋势是最低的，其他气体一般都是它的几百上万倍，但由于它的排放量最大，所以二氧化碳对全球升温的贡献百分比占到55%，成为最重要的温室气体。那温室气体是怎么产生作用的呢？大家应该都听说过温室效应，我们看看它的原理。其实宇宙中任何物体都会辐射电磁波，温度越高，辐射的电磁波波长越短。太阳表面温度约5500℃，它发射的电磁波长很短，称为太阳短波辐射。大气对太阳短波辐射几乎是透明的，所以太阳短波辐射能顺利到达地面，让地面增温。地面在增温的同时，也时时刻刻向外辐射电磁波而不断冷却。地面因为温度较低，发射的电磁波长较长，又被称为地面长波辐射。地球大气中的二氧化碳等气体强烈吸收地面长波辐射，而且在吸收的同时，因为它的温度比地面更低，它也向外辐射波长更长的长波辐射，这些辐射中的一部分又向下辐射到达地面，被称为逆辐射，当地面接收逆辐射后就会升温，因此大气对地面起到了保温作用。

温室效应的存在会给气候带来影响，我们可以看一看金星。金星上的火山持续喷发，带来大量二氧化碳和含硫化合物的释放，大气层中 CO_2 浓度为98%以上，温室效应造成其表面温度常年维持在400℃以上。火星上的 CO_2 浓度也达到95%，但因为距离太阳远且小，大气层太稀薄，仅有地球的1%，所以它的温室效应并不显著，地表温度为 -55℃以下。如果像地球这样的大气量，温室气体的浓度持续不受控地上升，科学家担心会对人类带来灾难性后果。

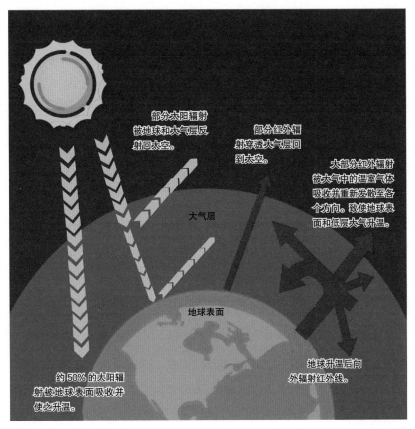

温室效应

温室效应

　　透射阳光的密闭空间由于与外界缺乏热对流而形成保温效应，这样的密闭空间常被人们称为温室。当太阳辐射到达地球时，太阳短波辐射可以透过大气射向地面，地面吸收辐射增温后会形成长波辐射向大气发散。当大气中存在二氧化碳等气体时，由于其能吸收长波辐射而造成长波辐射无法逸散从而不断加热大气层，就像给地球加了一个温室一样，导致气温上升，人们把这种效应称为温室效应，把有这种效应的气体称为温室气体。

甲烷

　　甲烷，化学式为 CH_4，是结构最简单的碳氢化合物，由一个碳原子和四个氢原子组成。常温常压下的甲烷是一种无色无味的气体。它是天然气的主要成分，是很重要的燃料，同时也是一种温室气体，其全球变暖潜能是二氧化碳的 21 倍。甲烷的主要来源包括有机废物的分解，天然源头（如沼泽），化石燃料燃烧，动物（如牛）的消化过程，以及稻田之中的厌氧菌反应等。

　　那么气候变暖会造成什么样的影响呢？

　　一是冰川融化，从 20 世纪 80 年代开始，全球变暖趋势加快，冰川的融化也在加快。据观测资料显示，中国有近 5 万条冰川，其中的 80% 都在退缩，科学家认为有些小冰川退缩得越来越快，预计在十几年或者几十年内可能消失。

　　二是海平面上升。自 1900 年以来海平面上升了 0.18 ～ 0.2 米；2019 年与 1993 年年初相比上升了约 0.09 米。图瓦卢的外交部部长科菲在为第 26 届联合国气候变化大会录制的视频中，他身着西装，打着领带，卷着裤腿站在齐膝深的海水中发表演讲，呼吁世界各国对气候变化问题及时采取措施，因为图瓦卢将会是海平面上升第一个被淹的国家，他们只能举国搬迁。

三是冻土消退。当前的气候变化，造成北极地区永久冻土中的冰层融化，冰川缩小，冰湖逐渐消失。美国宇航局的卫星图像显示了1973—2002年俄罗斯西伯利亚同一地区的湖泊减少甚至消失的情况。冰川和冻土的消失还会带来潜在的威胁，温度升高后海里的可燃冰与冻土层分解冒出的甲烷可能会加剧温室效应，形成恶性的循环。

冻土

冻土是指土壤温度保持0℃以下并出现冻结现象、具有表土呈现多边形土或石环等形态特征的土壤或岩层。

冻土土体浅薄，土层厚度一般不足50厘米。冻土一般具有暗色或淡色表层，表层有机质含量低，一般含量在5～20克/千克之间，土壤中有效养分含量少，林木生长困难。

可燃冰

也称作甲烷气水包合物、甲烷水合物、甲烷冰、天然气水合物，由于外观像冰，而且遇火即可燃烧，所以被称为可燃冰。可燃冰成分以甲烷为主，甲烷含量占80%～99.9%。它存在于低温高压的环境，所以往往分布于水深大于300米的海底沉积物或寒冷的永久冻土中。1立方米的可燃冰可在常温常压下释放164立方米的天然气及0.8立方米的淡水，燃烧后仅生成少量的二氧化碳和水，污染远小于煤、石油等，且储量巨大，具有极高的资源价值，被国际社会公认能给人类带来新的能源前景。

四是暴雨、干旱等极端天气现象频发。2021 年我国河南省遭遇了历史罕见的极端强降雨。席卷西欧的特大暴雨引发洪水，成为欧洲 21 世纪以来最大的自然灾害事件。越来越多的自然灾害从百年不遇变得越来越频繁。干旱的强度也正在增加，部分地区温度上升，土壤蒸发量增加，积雪量减少，土壤越来越干燥，夏季和秋季的河流流量减少。在美国西南部，科学家估计人类造成的气候变化使干旱加重 30% ～ 50%。世界气象组织表示，气候变化或是提升极端天气事件频率的重要原因之一。

土壤蒸发量

土壤蒸发量是指在一定时段内，土壤中的水分经蒸发而散布到空中的量。一般温度越高、湿度越小、风速越大、气压越低，蒸发量就越大；反之，蒸发量就越小。当蒸发量超过了补给量，就容易发生干旱。一般蒸发量越大，发生干旱的概率会增加。

气候变暖还会影响海洋。大气中的二氧化碳溶解到海洋中，与水分子发生反应，生成碳酸并降低海洋的 pH 值导致海洋酸化，干扰海洋生物从海水中提取钙形成壳和骨骼，从而对海洋生态系统带来威胁。自工业革命以来，海洋表层海水的 pH 值已从 8.21 降至 8.10，意味着海水的酸度增加大约 30%。

碳酸

　　碳酸是一种无机化合物，化学式为H_2CO_3，在化学上是一种二元酸，可溶于水，呈弱酸性。CO_2溶于水生成碳酸，但碳酸不稳定、易分解，分解又会生成CO_2和H_2O。我们常喝的碳酸饮料，就是利用高压将二氧化碳转换成碳酸，常压下碳酸又分解成CO_2和H_2O的过程。此外，碳酸在生物体内也至关重要，代谢和胃酸分泌过程中都需要碳酸。

pH 值

　　pH 值也称氢离子浓度指数、酸值、酸碱值，是溶液中氢离子浓度的一种量化表达方式，也是衡量溶液酸碱程度的最普遍标准。1909 年由丹麦化学家瑟伦·索伦森提出，其计算公式为$pH=-lg[H^+]$，其中，$[H^+]$为溶液中氢离子物质的量浓度，单位为 mol/L。通常在 25℃条件下，溶液 pH 值小于 7 时呈酸性，pH 值大于 7 时呈碱性，等于 7 时为中性。pH 值越小，表示溶液的酸度越大；pH 值越大，则代表酸度越小。每相差 1 个单位的 pH 值，其氢离子浓度相差 10 倍，如 pH 值为 5 的溶液，其酸度是 pH 值为 6 的溶液的 10 倍。

生态系统

生态系统是在一个特定环境内，相互作用的所有生物和此环境的统称。此特定环境里的非生物因子（例如空气、水及土壤等）与其中的生物之间发生交互作用，不断地进行物质的交换和能量的传递，并借由物质流和能量流的连接形成一个整体。生态系统的范围没有固定的大小，一片森林或是一个小池塘都可能是一个生态系统。地球上主要的生态系统包括：森林生态系统、水域生态系统、陆域生态系统、珊瑚礁生态系统等。生物圈是地球上最大的生态系统。

一个生态系统内，各种生物之间及生物与环境之间存在一种动态平衡关系，任何外来的物种或物质侵入这个生态系统，都会破坏这种平衡。平衡被破坏后，可能会逐渐达到另一种平衡关系。但如果生态系统的平衡被严重破坏，可能会造成永久的失衡。

此外气候变暖还会威胁到我们的粮食安全，导致动植物生境变化带来的生物多样性问题。

为什么我们的气候会出现这样的变化？主要是工业时代以来的人类活动打破了自然碳循环的平衡。自工业革命以来，人类活动通过改变碳循环各组成部分的功能并直接向大气中排放二氧化碳，打破了碳循环的平衡。基于冰芯中包含的大气信息样本与最近的直接测量结果的比较，明确表现出温室气体的快速增长趋势。这么多快速增长的含碳物质都来源于哪里？

生物多样性

　　生物多样性是生物（动物、植物、微生物）与环境形成的生态复合体以及与此相关的各种生态过程的总和，包括生态系统多样性、物种多样性和基因多样性三个层次。生物多样性具有直接价值和间接价值，同时还具有潜在价值。直接价值是人们直接收获和使用生物资源所形成的价值；间接价值指生物多样性在生态系统中的作用和提供的生态系统服务，这些作用和服务能确保自然产品的持续生产，在使用过程中却不受损坏；潜在价值是指物种在未来某个时候能为人类社会提供经济利益的潜能。

冰芯

　　大气中的物质会随着大气环流达到冰川上空，并沉降在冰雪表面，随着冰雪不断积累形成冰川的过程，这些物质也会一直积累在冰川中。当我们从冰川（包括冰盖和冰帽及其他类型的冰川）中钻取内部的芯形成冰样，就形成我们所说的冰芯。冰芯记录着过去气候与环境变化的信息，破解冰芯的环境密码，就可以帮助人类了解过去发生的变化。比如，冰芯净积累量是降水量的指标；冰芯中氢、氧同位素比率是度量气温高低的指标；冰芯气泡中的气体成分和含量可以揭示大气成分的演化历史；冰芯中微粒含量和各种化学物质成分的变化，可以提供不同时期的大气气溶胶、沙漠演化、植被演替、生物活动、大气环流强度和火山活动等信息。

　　1. 化石燃料燃烧产生的直接排放，包括生产、生活、交通运输中的石油、天然气、煤炭等能源使用。

　　2. 工业制造过程和建筑业。包括石灰石生产水泥熟料、硝酸等化工产品生产、建筑材料生产使用过程。

3. 废弃物处理。垃圾填埋、焚烧，废水处理过程中产生甲烷、二氧化碳等。

4. 畜牧业也是一个很大的排放源。大家有没有听说过"牛，要为气候变暖负责"或者"吃牛肉导致温室效应"？根据联合国粮农组织 2019 年的数据：牲畜业的温室气体总排放量为每年 71 亿吨二氧化碳当量，占人为温室气体排放量的 14.5%。大约 44% 的牲畜业排放物是甲烷（CH_4），其余为氧化亚氮（N_2O，29%）和二氧化碳（CO_2，27%）。其中，牛是造成排放最多的动物，约占畜牧业排放量的 65%。牛肉单位产品的排放量最高，每生产 1 千克蛋白质产生近 300 千克二氧化碳当量。当然，人也会排放二氧化碳。

5. 各种土地利用方式改变带来的排放。移除含有大量碳的森林而改为城市、替代土地覆盖类型等都会减少碳的储存。

6. 生态系统固碳能力降低导致排放增加。在过去的几个世纪里，直接和间接的人为因素导致的土地覆盖变化造成了生物多样性的丧失，降低了生态系统对环境压力的适应能力，也降低了生态系统从大气中去除碳的能力。简单来说，就是导致碳从陆地生态系统释放到大气中。其他人为造成的环境变化也会改变生态系统的生产力及其从大气中去除碳的能力，如空气污染损害植物和土壤；许多农业和土地使用方式导致更高的侵蚀率，从土壤中冲刷掉碳并降低了植物生产力；酸雨和来自农业、工业的污染径流改变了海洋的化学成分等。这些变化可能对高度敏感的生态系统打击是致命的，如对珊瑚礁等带来致命打击，从而限制了其从大气中吸收碳的能力。

侵蚀率

　　单位面积单位时间内的侵蚀量称为土壤侵蚀速度（或土壤侵蚀速率）。土壤侵蚀是土壤或其他地面组成物质在水力、风力、冻融、重力等外力作用下，被剥蚀、破坏、分离、搬运和沉积的过程，是一个自然发生和缓慢的过程。根据作用力的不同将土壤侵蚀划分为水力侵蚀、风力侵蚀、冻融侵蚀、重力侵蚀、淋溶侵蚀、山洪侵蚀、泥石流侵蚀及土壤坍陷等。人类活动加剧了土壤侵蚀的发生，增大了侵蚀率。

污染径流

　　径流是指降雨及冰雪融水等在重力作用下沿地表或地下流动形成的水流。污染径流则是指在自然和人为的破坏下，径流中增加了某种或多种物质，当超过其水体自净能力时，就会产生污染，使得径流的构成或状态发生变化，降低其可使用价值和环境功能。

　　应对气候变化，应从减缓与适应两方面着手，科学推进节能、降碳、增汇。世界上很多国家都在实施碳达峰碳中和计划，截至 2019 年，全球共有 46 个国家和地区实现碳达峰。2021 年第 26 届联合国气候变化大会在英国格拉斯哥举行，100 多个国家提交了新的或更新的国家自主减排方案。根据联合国政府间气候变化专门委员会的评估，要落实 1.5℃温控目标，全球需在 2030 年减排 45%；即使是落实 2℃温控目标，也需要在 2030 年减排 25%。目前的自主减排方案还远低于此比例，还需要全球各个国家的共同努力。

《2030 年前碳达峰行动方案》

2021 年 10 月国务院印发的《2030 年前碳达峰行动方案》明确提出"到 2025 年，非化石能源消费比重达到 20% 左右，单位国内生产总值能源消耗比 2020 年下降 13.5%，单位国内生产总值二氧化碳排放比 2020 年下降 18%，为实现碳达峰奠定坚实基础。""到 2030 年，非化石能源消费比重达到 25% 左右，单位国内生产总值二氧化碳排放比 2005 年下降 65% 以上，顺利实现 2030 年前碳达峰目标。"

讲座时间：2021 年 11 月 24 日

吴莉萍

教授级高工，重庆市生态环境科学研究院碳中和技术创新中心副主任。重庆市大气科学学科带头人后备人选，重庆市科学传播专家团专家，重庆市标准化专家，长期从事低碳及大气领域政策、技术、标准体系研究。

主持并修订地方标准 10 余项，主持、参与国家及省部级科研项目 40 余项，发表文章 20 余篇。

与碳同行——建筑师的绿色家园梦

我是本期主讲人董莉莉，今天让我们共同来探讨绿色家园的梦想。

城市代表了人类聚居生活的高级形态，然而城市面临着高密度聚集的挑战，建筑和人口密度的问题，以及能源和资源的高强度消耗等。那么在碳达峰、碳中和的背景下如何实现减排呢？

气候变化是近年来国际社会重要的外交和政治议题，我国一向十分重视气候变化的问题，积极参与了气候变化的多项国际合作。其中，《中华人民共和国气候变化应对法》是我国应对气候变化出台的第一部法律，主要内容是确立应对气候变化的原则、主要制度和措施、法律责任等。

什么是碳达峰、碳中和呢？碳达峰意味着在某一个时间节点，二氧化碳的排放不再增长，达到峰值，之后逐步减少。碳中和则指的是企业、团体或个人在一定时间内通过植树造林、节能减排等方式，抵消了直接或间接产生的温室气体排放总量，最终实现二氧化碳的零排放。

油价上涨，虽然是受到股市波动的影响，但是否也反映了石油资

96

源日渐紧缺的情况呢？全国多省市执行限电，不仅造成停电，而且会导致高耗电产业产品价格增长。

以上这些现象大家在生活中遇到过吗？如何解决或缓解这种情况呢？清洁能源也许是一条路径。

清洁能源，又被称为绿色能源，指的是不排放污染物、能够直接用于生产生活的能源，如太阳能、风能、水力能、生物质能、核能、地热能，这些都是清洁能源。

（1）太阳能：利用太阳辐射将光能转换为电能或热能。太阳能电池板通过光伏效应将阳光转化为电能，太阳能热水器利用太阳能加热。

（2）风能：利用风力发电机将风能转化为电能。风力发电机通常通过旋转的风轮将风能转化为机械能，再通过发电机转化为电能。

（3）水力能：利用水流的动能将水能转化为电能。水力发电通过水流推动涡轮发电机，将机械能转化为电能。

（4）生物质能：利用植物、动物废弃物和有机物质将生物能转化为热能或发电。例如，木材、农作物废料和沼气可以用于供热或发电。

（5）核能：尽管核能的利用过程中会产生放射性废料，但不会产生温室气体。核能通过核裂变或核聚变反应产生热能，再将热能转化为电能。

（6）地热能：利用地球内部的热能将地热转化为电能或供热。地热发电利用地下蓄热层的热能产生蒸汽，推动涡轮发电机发电。

除了上述类型，还有其他一些相对较小规模的清洁能源形式，如潮汐能、海洋能、氢能等。这些清洁能源形式的发展有助于减少对化石燃料的依赖，降低温室气体排放，从而减缓气候变化并改善环境质量。

在满足当今生态系统可持续发展需求的前提下，我们的城市建设在使用绿色能源的基础上，还需要围绕五大要素，结合四大支柱来构建绿色、低碳的环境友好型城市。

第一，对于五大要素的产业方面，我们应该积极地去构建绿色产业。

绿色产业

　　绿色产业是指以环境可持续为导向，资源利用高效、低碳排放的产业。它旨在实现经济增长和社会发展的同时，减少对自然资源的消耗，减少污染和排放。

　　（1）可再生能源产业：包括太阳能发电、风能发电、水力发电、生物质能发电等，通过开发和利用可再生能源替代传统的化石燃料能源，减少温室气体排放和环境污染。

　　（2）能效和节能产业：包括能源管理系统、节能照明设备、高效建筑材料和技术等，旨在提高能源利用效率，减少能源消耗，降低碳排放。

　　（3）环境保护和治理产业：包括废弃物处理和回收利用、水处理和净化、空气污染治理、土壤修复等，以及环境监测、评估技术和设备，旨在保护和改善环境质量。

　　（4）可持续交通产业：包括电动车辆、混合动力车辆、公共交通系统改善等，通过推广低碳交通方式减少对传统燃油车辆的依赖，减少尾气排放和交通拥堵。

　　（5）清洁技术和环保设备制造业：包括太阳能电池板制造、风力发电设备制造、环保设备制造等，提供清洁能源和环境保护相关的设备和技术。

　　（6）可持续农业和农产品加工业：包括有机农业、粮食加工、农产品包装和运输等，通过可持续的农业实践和农产品加工方式减少对土地、水资源的消耗，并降低农业对环境的负面影响。

　　这些绿色产业的发展不仅有助于减少环境压力和碳排放，还能创造更多就业机会，促进可持续发展和经济繁荣。

　　在产业执行的链条过程都要实行绿色化。

　　第二，对于五大要素的建筑方面，我们应该积极地普及绿色建筑。

　　什么是绿色建筑呢？绿色建筑指的是，在建筑的全生命周期内最大限度地去节约资源，包括节能、节地、节水、节材等，保护环境、减少污染，为人们提供健康、舒适和高效的使用空间。

绿色建筑还应该与自然和谐共生，绿色建筑技术注重低耗、高效、经济、环保、集成与优化，是人与自然、现在与未来之间的利益共享，是可持续发展的建设手段。

通过完善绿色建筑政策相关的保障体系，推动绿色建筑技术的发展以及积极推广建筑垃圾的资源化利用等方面的努力，能够在城市中建设更多且更优质的绿色建筑。这些绿色建筑，最终成为低碳友好、环保型城市的核心物质组成部分。

绿色建筑

绿色建筑是一种以环境可持续性为导向的建筑方式，旨在降低对自然资源的消耗、减少对环境的负面影响，并提供健康、舒适的室内环境。它通过整合设计、建筑和运营的方方面面，追求可持续发展的目标。

绿色建筑的特点

（1）能源效率：绿色建筑采用能源高效的设计和技术，以减少能源消耗并降低碳排放。这包括使用高效的绝缘材料、节能照明系统、高效的暖通空调系统，以及利用可再生能源，如太阳能和风能。

（2）资源循环利用：绿色建筑鼓励资源的循环利用和回收。它可以通过使用可再生材料、利用回收材料、推行废物管理和回收利用等措施来减少对原材料的需求，降低建筑产生的废弃物数量。

（3）水资源管理：绿色建筑致力于减少水资源的消耗和保护水质。这可以通过安装能节水的水龙头、淋浴器和马桶，收集和利用雨水，采用低水耗的景观设计等方式实现。

（4）室内环境质量：绿色建筑关注室内空气质量和舒适性。它采用环保的建材，控制室内空气污染物的排放，提供充足的自然采光和通风，以创造一个舒适、健康的居住和工作环境。

（5）可持续土地利用：绿色建筑在选择建筑场地时考虑土地的可持续性。它可以选择与社区服务设施接近的地点，鼓励人们步行和乘坐公共交通工具，减少对土地资源的开发压力。

第三，对于五大要素的交通方面，我们应该积极地去实施绿色交通战略，建设多元化的城市交通运输系统。如可以大力发展新能源的交通系统，提升可再生能源交通工具的占比，促进相关配套基础设施的建设，比如我们经常听到的一个名词——绿色基础设施，以及基于城市特点发展地下与空中等集约化轨道交通系统，构建绿色的交通网络。

重庆市作为一个号称"来了就走不了的魔都"，是不是最具有适合发展绿色交通网络的基底？层层叠叠的山峦、层层叠叠的平台和步道等，这些都是我们这个城市去实现绿色交通网络最大化的一个基底条件。

谈到绿色基础设施，大家可以思考一下，绿色基础设施的对立面是什么？是灰色基础设施。绿色基础设施必然是什么？必然是可持续发展的，而灰色基础设施未来必然是要被绿色基础设施所取代的。

绿色基础设施

　　绿色基础设施是指在城市和社区建设中采用可持续和环保的原则和技术，以满足基础设施需求并最小化对环境的不良影响的设施。绿色基础设施的目标是提供可持续、高效和环境友好的基础设施服务。采用绿色基础设施，城市和社区可以降低碳排放、节约资源、改善环境质量，提供更加可持续和宜居的生活环境。

灰色基础设施

　　灰色基础设施是指传统的建筑、道路、桥梁、管道和其他基础设施，通常由混凝土、钢铁和其他传统材料构建而成。这些基础设施是城市和社区正常运作所必需的，但如何实现灰色基础设施全生命周期与环境的友好性仍存在一定的挑战。

常见的灰色基础设施

（1）建筑物：包括住宅、商业大楼、工厂和其他建筑结构。

（2）道路和桥梁：用于交通运输和通行的道路、高速公路、桥梁和隧道。

（3）水供应和排水系统：包括供水管道、水处理设施、排水系统和污水处理厂。

（4）电力和能源供应：包括发电厂、输电线路、变电站和能源分配网络。

（5）通信和信息技术基础设施：包括电信网络、电缆和通信塔等。

灰色基础设施的负面影响

（1）环境影响：灰色基础设施的建设和运营可能对生态系统和自然环境造成负面影响，如土地破坏、水体污染和野生动物栖息地破坏。

（2）能源和资源消耗：灰色基础设施通常需要大量的能源和资源来建造和维护，这可能导致能源浪费和资源枯竭。

（3）碳排放：灰色基础设施在建设和运营过程中会产生大量的碳排放，对气候变化影响较大。

第四，对于五大要素的生活方面，我们应该积极地去推行绿色生活方式，引导、鼓励公众去自觉地践行绿色生活的方式。

现在我们会经常接触到绿色家庭、绿色校园、绿色社区、绿色街区、绿色出行等概念。这个"绿色"是什么意思？它是一种更大范畴的可持续的理念。

例如，在绿色校园中，除了基础建设等物质条件，作为师生，可以从哪些方面去推动绿色校园的建设呢？

我们可以出门记着断电，用完水之后记着关水龙头等，从节电节水的小细节做起。另外，可以开拓思维创新地去发现，如闲置的物品能否通过绿色技术的改造使它废物转新？

绿色校园，相对于其他物质形态来说，它的评价标准里有一个核心的要素，就是将绿色可持续的教育纳入评价因子，所以说我们还可以在绿色校园中去推介、开发绿色校园相关的课程活动、竞赛等。

绿色家庭

绿色家庭是指在日常生活中采用可持续发展原则和实践，致力于减少环境影响、节约资源和促进可持续生活方式的家庭。绿色家庭关注环境保护、能源和水资源的有效利用、废物管理和可持续消费等方面。绿色家庭的目标是减少家庭的环境足迹，提供健康和可持续的生活环境，并为社会和环境可持续发展做出贡献。每个家庭成员的参与和努力都对构建可持续的未来产生积极影响。

绿色校园

绿色校园是指采用可持续发展原则和实践，致力于创建减少环境影响、提高资源利用效率和促进环境教育的教育机构（如中小学、大学、研究机构等）。绿色校园旨在打造一个环保、可持续、健康和创新的学习和工作环境。通过创建绿色校园，教育机构可以为学生提供一个环境友好、可持续和健康的学习环境，同时培养学生的环保意识和可持续发展的价值观。此外，绿色校园还可以成为可持续发展的示范和实践基地，对社会和环境产生积极影响。

绿色社区

　　绿色社区是指以可持续发展为基础，注重环境保护、资源节约和社会包容的社区。绿色社区旨在创建人与自然和谐共存的社区，通过可持续的规划、设计和管理，提供健康、宜居和环保的居住和工作环境。绿色社区的目标是创造可持续、环保和社会公正的社区，提供高质量的生活和工作环境，并为居民的福祉和社会发展做出积极贡献。通过实施绿色社区的原则和实践，可以降低资源消耗、改善环境质量、增强社区凝聚力和可持续发展能力。

绿色街区

　　绿色街区是指在城市中采用可持续发展原则和实践，以提供健康、宜居和环保的街区环境。绿色街区的设计和规划旨在最大限度地减少环境影响，提高资源利用效率，并促进社区的可持续发展。

绿色出行

　　绿色出行是指选择环保、低碳的交通方式和出行习惯，以减少对环境的负面影响并促进可持续发展。绿色出行强调减少尾气排放、节约能源和优化交通资源利用的原则。通过绿色出行的实践，个人和社会可以共同减少碳排放、改善空气质量、减少能源消耗，并促进可持续城市发展和环境保护。每个人都可以在自己的日常出行中做出环保选择，为可持续交通和城市发展做出贡献。

除了五大要素，构建绿色低碳的环境友好型城市，它的四大支柱是什么呢？它指的是绿色的政府治理体系、绿色金融、绿色技术，以及智慧管理。将这四大支柱通过一个链条串联起来，去支持我们的五大要素，最终能够实现绿色低碳的环境友好型城市的建设。

北京的通州新区，作为北京城市的副中心，是中国未来城市发展的示范区。它秉承着站在能源领域实现零碳制度的制高点，按照零碳能源的目标来建设和演绎，为未来中国在能源领域实现零碳做出示范。

在了解了环境友好型低碳城市大场景之后，我们再来看一看，离我们生活最近的是不是我们的居住小区？居住是城市建筑最基本的功能，而绿色生态小区正是对于居住去践行"双碳"目标下低碳城市建设的一个小元素，或者小方块，或者小因子。

低碳城市

低碳城市是指在城市规划、建设和运营中采取一系列措施来减少碳排放并降低对气候变化的负面影响的城市。低碳城市旨在通过改善能源效率、增加可再生能源使用、促进可持续交通和改善城市设计等方式，实现减排目标，并为居民提供宜居的生活环境。

低碳城市的关键特征

（1）能源效率：低碳城市致力于提高能源效率，减少能源消耗。这可以通过建筑节能、智能电网和能源管理系统、能源高效的交通系统等方式实现。采用高效的绝缘材料、节能照明系统、能源监测和控制系统等可以减少建筑的能耗。

（2）可再生能源：低碳城市鼓励并增加可再生能源的使用。太阳能、风能、水力能等可再生能源被广泛利用来为城市供电，减少对传统的化石燃料能源的依赖。

（3）可持续交通：低碳城市推广可持续交通方式，如步行、骑行、公共交通和电动交通工具。建设便捷的公共交通系统、建立自行车道网络、提供电动车充电基础设施等措施有助于减少汽车使用，降低交通产生的碳排放。

（4）城市绿化和生态系统保护：低碳城市注重城市绿化和生态系统的保护与恢复。增加城市绿地、建设垂直花园、开展植树造林等可以提供更好的空气质量和生态系统服务。

（5）城市规划和设计：低碳城市采用可持续的城市规划和设计原则，促进紧凑型城市布局、多功能土地利用、混合用途开发等。这有助于减少通勤距离，提高资源利用效率，减少碳排放。

（6）废物管理和循环经济：低碳城市关注废物管理和资源循环利用。推行垃圾分类、回收利用、有机废物处理等措施，可以减少垃圾填埋和焚烧，减少温室气体排放。

　　绿色生态小区通过实施制定的多项节能减排的策略，最终为碳达峰和碳中和做出积极的贡献。什么是绿色生态小区？绿色生态小区中有哪些场景或设施是我们能够感受到的呢？

　　第一，无障碍通行。在小区中居住着老年人、儿童，还有一些残障人士。我们要为不同的人群考虑设计不同的活动空间，如让居民有运动的区域，让小朋友也有玩耍的区域。在设计过程中，应该将运动区域与儿童的玩耍区域放在一起，因为这样方便家长带着小孩共娱共乐。还要在主要的出入口设置无障碍坡道，满足残障人士在小区中无障碍通行的需求。

无障碍通行

无障碍通行是指为了确保每个人，无论是否存在身体或认知方面的障碍，都能够自由、方便地进入和使用公共空间、建筑物和交通系统。无障碍通行的目标是促进包容性和平等，确保所有人都能享有公平的机会和权利。无障碍通行的重要性在于为所有人创造一个包容性和平等的社会环境，使每个人都能够独立、自主地参与社会活动和使用公共设施。这种关注无障碍通行的做法不仅有助于残障人士，也为整个社会带来更大的便利和共享资源的机会。

第二，公交出行。小区既然被称为绿色生态小区，除了本身内部环境的绿色生态，还要为整个城市建设做出贡献，因此我们要号召居住在绿色生态小区内的业主，多使用公共交通工具作为出行方式。在绿色生态小区评价指标里，就要求小区外围要有方便的公共交通系统。

可持续小区的评价标准规定在有些小区域内，如整个小区只有少量停车位，这少量的停车位是去服务残障人士家庭的，而其他的青年业主，他们应该去使用周边非常方便的公共交通出行，以实现低碳化。

第三，共享空间。在小区中有很多活动空间需要适应多样化需求，如锻炼、演出等。这些需求其实都可以在一个场地实现，只要在设计时采用灵活隔断、介质，甚至是可以采用机械设备推动这个活动空间的一些微变化的话，那么就能做到一个空间满足多种需求，实现空间集约，达到减碳的目标。

第四，地下车库。绿色生态小区的地下车库有什么不一样呢？我们会看到有些绿色生态小区通过导光筒或者导光光纤，运用导光技术把外面的自然光引入到地下。

常见的导光技术

（1）光纤导光：光纤是一种具有高折射率的细长光学纤维，可以通过内部全反射的方式将光信号传输到较远的位置。光纤导光常用于光通信、医疗设备、照明和传感器等领域。

（2）光导板导光：光导板是一种透明的平板结构，通过内部的全反射和折射原理将光线引导到板的边缘或特定的出光点。光导板常用于液晶显示屏（LCD）、平板灯具和光学仪器等中。

（3）点光源导光：通过特殊设计的光学元件，将点光源的光线转换和扩散成更均匀的光照，使得光能够被更大范围的区域利用。点光源导光技术常用于反射罩、反射镜和透镜等应用。

（4）光束整形导光：利用光学元件对光束进行整形和调节，以达到所需的光照分布和方向。光束整形导光常用于照明系统、投影仪、激光器和光学仪器等领域。

（5）光学微结构导光：通过在材料表面或内部创建微小的光学结构，如棱镜、微透镜阵列、光纤光栅等，以控制光的传播和耦合，实现导光效果。这种技术常用于光学通信、光学传感和光学芯片等领域。

接下来要说说关于调节微气候的生态景观设计，这是绿色生态小区中很重要的一个元素。它指的是利用场地内各种形式的绿化调节空气温度和改善空气湿度，不仅满足居民视觉上的需求，还要满足遮阳、蒸腾、过滤、组织通风、降低噪声污染等多重需求。

这个时候我们就要来思考了，绿地应该怎么建呢？

第一，要选择大量的地域植物，因为地域植物是通过多年在一个特定区域环境育植，慢慢成长起来适合这个环境的植物，所以在此环境中只有地域植物的健康度和成长度是最好的。

第二，要考虑到共享。绿地不只是用来观赏的，其他活动也可以纳入其中，于是绿色生态小区对地被植物、草坪的选择也会有所不同。此外，场地的绿化还有利于在场地形成微气候环境，可以有效去改善居住区空气质量和缓解城市热岛效应等问题。

微气候

　　微气候是指在相对较小的区域内，与周围环境相比具有独特的气候条件和特征。微气候可以是城市中的某个街区、公园或建筑物周围的区域，也可以是一个较小的地理区域，如山谷、山坡或河岸。

　　微气候的形成受到多种因素的影响，包括地形、植被覆盖、人为结构、水体等。微气候的存在对人类活动和生态系统都具有重要影响。

　　对于城市规划和建筑设计来说，了解和考虑微气候因素可以帮助创建更舒适、健康和可持续的城市环境。在农业和园艺方面，了解微气候有助于选择适宜的作物和种植技术，提高产量和质量。此外，微气候研究还对环境保护、自然资源管理和气候变化适应等方面具有重要意义。

城市热岛对城市环境和居民健康的影响

　　（1）能源消耗增加：城市热岛效应使得城市中的气温升高，导致居民和企业对空调和制冷设备的需求增加，进而增加了能源消耗和碳排放。

　　（2）空气质量下降：高温和稳定的大气层条件会导致空气污染物的累积和滞留，从而加剧空气污染问题。

　　（3）水资源需求增加：城市热岛效应会增加城市地表水的蒸发速率，导致水资源需求增加，特别是在干旱地区。

　　（4）健康影响：高温和较差的空气质量可能对人体健康造成负面影响，如引起中暑、心血管疾病和呼吸系统问题等。

减轻城市热岛效应的措施

　　（1）增加绿地和植被覆盖：增加城市绿地和植被可以降低城市表面温度，并通过蒸腾作用和阴凉效应减少周围环境的热量。

　　（2）改善建筑和城市规划设计：合理的建筑和城市规划设计可以优化建筑物的热量吸收和释放，提高通风和采光效果，减轻城市热岛效应。

　　（3）采用反射和遮阳材料：使用反射材料覆盖建筑物和道路表面，减少热量吸收。同时，在城市规划中考虑合理的遮阳设施，如树荫、遮阳篷等。

　　（4）水体和水景的利用：利用水体和水景可以通过蒸发和冷却效应降低周围环境的温度。

　　（5）改善交通管理：减少车辆尾气排放和交通拥堵，以减轻城市热岛效应。

　　还有哪些技术手段可以与园林绿化相结合呢？如：室外停车场要用可以透水的或者间接性草坪纳入其中的生态停车位；活动场或运动场要选择透水性好的塑胶，既满足了透水铺装的需求，也满足了对于柔性垫层的需求。

　　现在倡导的是在小区景观中使用透水路面，有透水铺装、透水沥青、透水混凝土等多种材质，它的好处就是能为整个生态效益做出很大的贡献。

　　再举一个例子，可持续小区规定雨水是要尽可能在小区内进行自我循环、自我利用的。如：收集雨水用于灌溉植物、冲洗路面等。要通过相应的雨水池收集雨水，需要的时候再释放并使用。雨水池必然会占用小区的有效空间。因此，也有一些技术做法，如在中庭空间做一个积水池收集雨水，在上面再装一层薄薄的钢板，在钢板上覆土后去栽种一些植物。

　　绿色生态小区中的主体是建筑物，对建筑物的采光我们倡导的是天然采光设计，要更多地从设计、布局等方面去利用天然采光，而不是完全借助人工灯光。人工灯光除了耗电，比不上天然采光给人带来的愉悦感。

天然采光有四个设计要素。一是适当地去增大采光口的面积；二是选择合适的采光口的形状；三是选择合理的采光口的朝向；四是采用多种形式相结合。多层建筑在其顶层也可以采用一部分天窗式采光，将四个要素考虑其中的话，能实现天然采光的最大化。

提升建筑天然采光效率的方法

（1）建筑设计和布局：通过合理的建筑设计和布局，最大限度地利用自然光线。这包括确定建筑朝向、窗户和门的位置、开口的大小和比例等。设计师应该考虑不同季节和日照角度，以确保室内得到充足的自然光。

（2）窗户和玻璃设计：选择高透光性的窗户和玻璃材料，如高反射率的玻璃或光学涂层玻璃，以增加室内自然光的透过率。优选双层或多层玻璃，可以在提高隔热性能的同时保持较高的透光率。

（3）采用采光天井或中庭：在建筑内部设计采光天井或中庭，可以使自然光深入建筑内部。这些开放的空间可以起到传递光线的作用，并在建筑内部创造明亮的环境。

（4）使用反射和折射元件：通过使用反射和折射元件，如镜面、光管、光纤束等，将自然光引导到室内较深的区域。这些元件可以将光线传输到建筑内部的低光照区域，增加室内的采光效果。

（5）使用天窗和天顶窗：安装天窗和天顶窗，可以增加自然光的进入并提高采光效果。天窗和天顶窗可以安置在建筑的屋顶或高墙上，将光线直接引入室内。

随着数字时代的来临，住宅所提供的已经不仅是简单的居住休憩的空间环境，结合现代信息传输的技术、网络技术和信息集成技术，现代化的绿色住宅是应该能够提供高新技术含量的居住空间环境，以满足住户现代化的生活需求。

　　绿色生态小区的智能化也是一个核心要素。如我们可以通过把全部需求集合起来形成服务类型的应用程序，减少物业人员的工作量。同时，也会要求把绿色生态小区的核心绿色技术以二维码的形式布置在相应的区域，或者在应用程序中呈现。

　　说到这里，我们回顾一下提及的绿色生态小区，绿色生态小区通常强调可持续发展和环境友好，而垃圾分类是其中一个非常重要的环保实践。通过有效的垃圾分类，小区可以最大限度地减少废物的数量，并促进资源的回收和再利用。如何实现更好的对绿色生态小区的垃圾进行分类，可以总结出以下六个重要方面：

　　（1）分类指导和宣传教育：小区管理方应通过各种渠道向居民宣传垃圾分类的重要性，包括为什么要进行垃圾分类、如何正确分类、分类后的处理方式等。可以通过小区内的通告、社区活动、宣传册等途径实施。

　　（2）垃圾分类设施：绿色生态小区需要提供方便而明显的垃圾分类设施，例如，分类垃圾桶、垃圾分类指示牌等。这样可以方便居民在丢弃垃圾时进行正确的分类。

　　（3）生活垃圾分类：引导并鼓励小区居民对生活垃圾进行分类，将可回收物、有害垃圾、厨余垃圾等分别投放到相应的垃圾桶中。可以通过分类垃圾桶上的颜色、标识等方式进行引导。

　　（4）社区参与：小区通过组织一些垃圾分类的社区活动，增强居民的参与感，例如，定期的垃圾分类培训、分类比赛等，加强居民的环保意识。

　　（5）奖惩机制：引入奖惩机制可以促使居民更积极地参与垃圾分类，例如，可以统计垃圾分类成绩，定期公布表现优异的家庭，给予一些小奖励，同时也可以对违反垃圾分类规定的行为进行一定的处罚。

　　（6）定期监测和改进：小区管理方应定期监测垃圾分类的执行情

况，收集反馈意见，及时解决居民在垃圾分类过程中遇到的问题，不断改进垃圾分类系统。

对于生态小区，主讲人选取了一些能比较直观感受的设施做了介绍，例如，绿化和景观设计、雨水收集系统、太阳能设施、垃圾分类设施等。希望在碳达峰和碳中和政策支持下，绿色生态小区实现可持续的环境管理，为居民提供更健康、宜居的居住环境。

讲座时间：2021 年 11 月 25 日

董莉莉

重庆交通大学建筑与城市规划学院院长，教授，国家一级注册建筑师。

国家课程思政教学名师、重庆市第三批学术技术带头人、重庆市优秀青年建筑师、重庆市巾帼建功标兵。

亚洲园林协会乡村振兴委员会副会长、中国建筑学会地下空间学术委员会常务理事、中国建筑学会教育分会理事、重庆工程图学会副理事长、重庆市绿建产协绿色建筑专业委员会副主任委员。

重庆市院士专家科普讲师团专家，研究方向为可持续设计，主编《碳达峰、碳中和知多少——城镇篇》科普读本，主研重庆市社科普及项目《剪纸艺术——重庆名山名川风景名胜》。

重庆市科普基地负责人、重庆市社会科学普及基地负责人，培养建筑类师生近百人进行科普传播工作；成立重庆市设计下乡工作室，重庆市设计下乡志愿者团队，服务20余个区县的传统村落科普活动；参与中国传统村落数字博物馆相关科普活动；策划并发起"重庆市大中小幼美育科普活动"等。

一度电的旅行

　　我是本期主讲人胡博，今天与大家分享一度电的旅行。

　　新能源的波动性、随机性，叠加设备随机故障等扰动，给电力系统可靠运行带来严峻挑战，而结构复杂的交直流混联电网进一步扩展了故障传播的维度、增加了停电风险。

　　近年来，国内外新能源接入电力系统的停电（限电）事故众多：2019 年 8 月，英国电网海上风电和光伏大量无序脱网，导致系统频率下降至 48.9 赫兹，诱发低频减载装置动作，停电用户数量超 100 万。美国西部时间 2020 年 8 月 14 日，加利福尼亚州（以下简称加州）电力系统独立运营商发布三级紧急状态，是近 20 年发布的最高等级紧急状态，49.2 万企业与家庭的电力供应中断，最长停电时间达 150 分钟；8 月 15 日，加州电力系统独立运营商再次对用户实施轮流停电，停电时间最长达 90 分钟，影响用户达 32.1 万。

　　从上述停电事故中可以看出，停电给人们生活带来的消极影响是十分巨大的，所以如何保障电力系统可靠运行、减少停电，保证每一度电的旅行都能够圆满结束，是值得深入研究和探讨的。

　　重庆是四大火炉之一，以炎热闻名，那大家有没有觉得今年夏天格外热呢？仅 40℃ 以上的高温就持续了半个多月，如此酷热的天气，大家是不是对冷气的需求就变大了？冷气是怎么产生的呢？是不是需要用电？那冷气需求变大，用电需求就变大了。一旦供电不足，就停电了。

　　停电对于人们生活的影响不仅在于生活基本需求，还包括工作、出行等，总之停电带来的消极影响是十分巨大的，因此只有每一度电的旅行都圆满，才能够让我们持续用上它，也就是说，从它出发就不能迷路，不能走丢。

我们的生活处处离不开电，每天都在用电的你，真的了解一度电吗？度是一个能量单位，一度电等于 1 千瓦时。简单来说，一度电就是一台功率为 1 千瓦的电器，工作 1 小时，所消耗的电能。

一度电的作用可是非常巨大的。一度电可以让一盏 25 瓦的台灯点亮 40 小时，可以使电动自行车骑行 80 千米，可以给你的手机充电 100 多次，可以生产口罩 100 多个，这样看来一度电的作用有没有超乎你的想象？一度电与大家的相遇并不简单，它的旅程要经过发电、输电、变电、配电、用电五个阶段。要保证每一段旅程顺利，它的旅行才能圆满。一度电诞生于发电厂，随后经过一个变换电压等级的过程，将电压升高，我们国家现在最高的电压等级是交流 1000 千伏，也就是 100 万伏特。我们知道一节干电池的电压是 1.5 伏，大家可以想象 100 万伏是多么高的电压，电压升高后一度电便开始了它的长途跋涉，高高的输电塔和长长的输电线路是传输电的媒介。在一度电翻山越岭即将到达你身边之前，又要经过一个变换电压等级的过程，将电压降低，一般降低到 220 伏，最后才被分配到千家万户。所以说一度电在到达大家身边之前的旅程，可谓是相当不容易的，大家可要珍惜。

接下来，就和主讲人一起详细了解一度电的旅行吧！

首先，给大家介绍一度电的产生——发电。所谓发电就是利用发电动力装置，将其他形式的能量转化为电能的过程。一度电或许是在距离你几十千米外的火电厂，消耗 0.4 千克标准煤和 4 升纯净水，在炙热的熔炉中浴火而生！或许是在水流冲击数百千米的三峡大坝，伴随着 4.2 立方米水的波涛汹涌而生！或许在绵延 40 千米的光伏电站，一块 250 瓦的光伏板接受 4 小时阳光的炙烤而生！或是在西北某处风电厂，一台 2 兆瓦的风机在风力驱动下旋转半圈而生。在上述发电过程中，火电厂消耗的煤和水电厂使用的水能，被称为传统能源，风电场利用的风能和光伏电站利用的太阳能则被称为新能源。

发电

　　发电是一种能量转换过程，即利用发电动力装置将各种原始能源［如水力、化石燃料（包括煤、石油和天然气）的热能、核能，以及可再生能源如太阳能、风能、地热能和海洋能］转化为电能。

　　下面咱们来聊聊火力发电、光伏发电、风力发电和水力发电。

　　在我国，火力发电仍然是主力军，占比 60% 以上。火力发电，关键的动力装置就是锅炉、汽轮机和发电机。简单来说，火力发电就是煤炭在锅炉中燃烧，像烧开水一样，形成高温高压的蒸汽，然后蒸汽沿管道进入汽轮机，冲击汽轮机的叶片，使其高速旋转，然后汽轮机又带动发电机旋转，从而产生电能。

火力发电

火力发电

　　火力发电是利用燃料燃烧产生的热能转化为电能的过程。基本原理：通过燃烧燃料（如煤、石油或天然气）来加热水，产生蒸汽，蒸汽推动涡轮机转动，涡轮机再驱动发电机旋转，发电机中的磁场和导线的相对运动就会产生电流，即电能。最后，蒸汽被冷却后再回到锅炉，重新变为水，形成一个闭合循环。总的来说，火力发电就是将化学能转化为热能，再转化为机械能，最后转化为电能的过程。

　　要搞清楚光伏发电，就先得搞清楚太阳能。相信大家对太阳一定非常熟悉，尤其是在重庆市的夏天，太阳散发的能量，让我们周围的温度变得很高，太阳散发的这种能量，也是可以用来发电的。

　　太阳能的利用主要分为两种类型：光热利用和光电利用，像我们使用的太阳能热水器，就是利用太阳能的热量，去提升水的温度，这就是太阳能的光热利用。而光伏发电就是太阳能的光电利用，在光伏发电厂，通过一块一块的光伏发电板，吸收太阳光的能量。利用光生伏特效应，将太阳能直接转化为电能。

　　在未来，我们将把目光投向太空，科学家设想将巨大的太阳能电池板运送到太空中，建立一个空间太阳能电站。在太空中把太阳能聚集起来发电，然后把电能以微波的形式射向地面，地面接收微波后转化为电能，再接入电网供人类使用。

　　一个令人振奋的消息是，在重庆市璧山区就有一个空间太阳能试验基地正在建设。这个试验基地的基础团队，就是由我们重庆大学的研究团队牵头的，相信在未来我们一定能够建成这样一个新的"太空三峡"。

光伏发电

光伏发电

　　光伏发电是一种直接将太阳能转换为电能的过程，这一过程主要依赖于一种物理现象——光生伏特效应。光伏电池（通常由半导体材料，如硅制成）吸收太阳光，然后通过光电效应或光致电压效应将光能转化为电能。这个过程不需要机械运动或热循环。太阳能被吸收后，能量被传递到半导体的电子，使得电子从价带跃迁到导带，从而形成电流。光伏电池经常被连接在一起形成光伏电池组件或光伏电池板，通过这种方式可以生成功率更大的电力。这种电力生成方式具有无污染、可再生、低维护和长寿命等优点，是可再生能源的重要组成部分。

　　不知道大家有没有见过下面这样的风车呢？这就是我们常说的风力发电机，它有着高高的支架及巨大的叶片，就像电风扇的放大版。当有风吹过的时候，风带动风车叶片旋转，通过这种旋转来发电。发展风电对于调整能源结构、减轻环境污染、实现可持续发展等方面都具有非常重要的意义。

风力发电

风力发电

　　风力发电是一种利用风能将机械能转换为电能的可再生能源技术。在风力发电过程中，风力驱动风力涡轮机（又称为风力发电机）的叶片旋转，通过转动的叶片将风能转换为机械能，该机械能进一步驱动发电机转动，从而产生电能。

　　风力涡轮机通常由风向调整系统、叶片、齿轮箱及发电机等主要部件组成。风向调整系统用于调整涡轮机面向的方向，使其能面对并捕获最大的风能；叶片通过专门的气动设计，使得风能可以高效地转换为旋转的机械能；齿轮箱则用于调整旋转速度，以适应发电机的工作需要。

　　风力发电是一种清洁的、可再生的能源利用方式，具有零排放、无污染、可大规模部署等优点，是全球能源转型的重要方向之一。

　　2022 年北京冬奥会，在奥运历史上首次实现全部场馆 100% 绿色电能供应。这些绿色电能中的很大一部分，由河北省张家口市风电厂提供，据计算，2022 年冬奥会结束时，绿色电能的使用减少了标准煤燃烧 12.8 万吨，减排二氧化碳 32 万吨，冬奥会场馆一共消耗绿色电能约 4 亿度，一直以来我们都把这个现实中美丽的故事，称作"张北的风点亮了北京的灯"，这也在世界各地广泛流传。

接下来介绍另一种发电方式——水力发电。与火力发电类似，水力发电也是利用轮机旋转带动发电机旋转，从而发出电能。只不过这里并非用蒸汽去推动轮机，水力发电先是把天然水流的能量，包括势能、动能转换为水轮机的机械能，水轮机旋转进而带动发电机旋转产生电能。

相信三峡水电站大家都有所了解吧！它是世界上规模最大的水利水电工程，同时也是世界上装机容量最大、泄洪流量最大的水电站。截至 2022 年 8 月底三峡电站累计发电量为 15643 亿千瓦时。有效缓解了华东、华中、广东等地区电力供应紧张的局面，惠及近半个中国。除此之外，它在防洪、航运、水资源利用等方面也发挥着巨大的作用，堪称世界水利枢纽工程的全能冠军。

水力发电

水力发电

　　水力发电是利用水流的动能转换为电能的过程，它是一种清洁的、可再生的能源利用方式。这一过程通常在水力发电站中进行，该发电站由水库、大坝、涡轮机及发电机等主要部件组成。在水力发电过程中，水库或者大坝存储了大量的水，这些水在重力的作用下通过水道流向涡轮机，其流动的动能转化为涡轮机的机械能。涡轮机在旋转的过程中驱动发电机，进而将机械能转换为电能。

　　然后就到了一度电旅行的第二个环节——输送。一度电的输送就是输电，通过输电可以把距离很远的发电厂和负荷中心联系起来，使电能的开发和利用跨越地域的限制。发电厂往往建在远离居民生活中心的地方。因此，发电厂发出的电就需要经过很长的输电线路的传输才能被我们使用。有的输电线路是埋在地下的电缆，平时见不到，有的是用输电塔架设在空中的输电线。

高压输电线路

电能具体是如何被输送的呢？它经历了一个升压的过程，因为输电线有电阻，电流流经输电线，会使电能有所损耗。线路上的电流越小，这种损耗就越小，由于在电能输送过程中功率守恒，也就是功率等于电压乘以电流，所以电压越高，电流越小，电能浪费在输电线上的这种损耗就越小，因此要升高电压，电压输电一般电压越高，损耗越小。

在我们国家一度电的输送有着特殊的挑战。我国的能源尤其是目前在发电中占比最大的火力发电，所使用的化石燃料能源，主要分布在我国的西部，而我国负荷最多的地区，却位于东部沿海，电能需要经过超远距离的传输。如此远距离高容量的电力传输有什么好的方法吗？答案就是超高压和特高压输电。

正如前面所讲，电压越高输电的损耗越小，那我们能否无限制的升高电压呢？答案当然是否定的。目前，我国输电线路的最高电压等级是 1100 千伏，即 110 万伏，是我们日常使用的 220 伏居民用电的 5000 倍，超特高压输电是发电容量和用电负荷快速增长、超远距离输电的必然要求，超特高压输电有诸多优点，包括可以增加传输面积、增大传输容量、降低工程造价、减少输电损耗和节省占地面积等。给我们带来了许多经济效益和社会效益。

现在，一度电的旅行就到了最后的阶段，那就是它是如何进入千家万户，被大家所使用的呢？通过前面的讲述，我们知道从电厂输送过来的电升压后电压等级是非常高的，所以它无法被人们直接使用，而变电站可以将电压等级降下来。一般市级供电都是由 220 千伏变电站，直接变成 10 千伏，也就是 1 万伏特。10 千伏的电传到各个小区或者乡镇供电所，已经属于配电范围了，10 千伏的电压等级低，农村一般用水泥杆架空线，而城市大部分考虑美观都采用电缆送电。到小区后 10 千伏的电还是不能用，怎么办呢？各小区、乡镇供电所都会设置配电所，有时候同学们在路边看到的像箱子一样的小房子，就是配电间了。配电间有电力变压器，继续将 10 千伏电压变换到 380 伏，就是三相电压单相是 220 伏。

电力变压器

　　最后再通过配电箱，进入各家用户，通过家中的配电箱将电能分配到各种用电器，从而使人们可以使用这些电器。

　　请问你在使用电器的时候，有没有想过这些电器的耗电量呢？如电视机，待机 5 天会消耗 1 度电，183 升的二级节能冰箱，一般一天耗电量为 0.75 度。

　　每一度电都来之不易，我们应该珍惜。因此，我们需要采取措施有效地节约用电。那么我们可以做些什么呢？这包括但不限于：合理使用空调以控制电力消耗，离开房间时拔掉电源插头以避免无意义的电力损耗，以及尽量减少电力设备在待机状态下的运行时间等。作为消费者，我们有责任和义务珍惜电力资源，以实现更加高效、可持续的电力使用。让我们从现在开始，以实际行动为电力节约贡献力量。

　　　　　　　　　　　　　　　　讲座时间：2022 年 12 月 10 日

胡博

　　博士生导师，电力系统及其自动化系副主任、院学术委员会委员，主要从事电力与能源系统规划可靠性、分析与计算及人工智能和大数据应用相关研究。

　　国家优秀青年科学基金获得者。主持国家自然科学基金 3 项、联合基金重大集成项目课题 1 项、国家重点研发计划子课题 1 项、重庆市自然科学基金 1 项、教育部博士点基金 1 项，主持企业横向项目 40 余项。获省部级科技奖一等奖 3 项、二等奖 1 项。发表论文 100 余篇，授权发明专利 40 余项，出版专著 1 部，制定国家电力行业标准 2 项。任 *IEEE Transactions on Power Systems* 期刊编辑，IEEE PES、PMAPS 等国际会议技术委员会委员、分会场主席、组委会委员等。中国电工技术学会青年工作委员会副主任委员，中国电力行业标准化技术委员会、中国电机工程学会可靠性专委会等 4 个专委会委员。

像海绵一样的城市

我是本期讲座的主讲人柴宏祥，今天与大家分享一些有关海绵城市的内容。

先来了解一下什么是像海绵一样的城市。海绵城市是指通过城市规划、建设的管控，使城市能够像海绵一样，在适应环境变化和应对自然灾害等方面具有良好的"弹性"——下雨时储蓄雨水，需水时将其储蓄的水释放并加以利用，实现自然积存、自然渗透、自然净化的城市发展方式，达到修复城市水生态、涵养城市水资源、改善城市水环境、保障城市水安全、复兴城市水文化等目标。

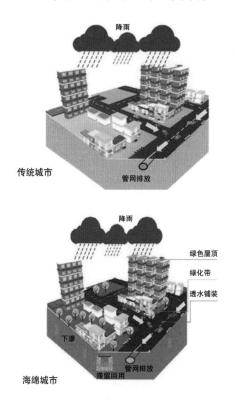

传统城市与海绵城市

海绵城市如何实现上述功能呢？海绵城市的特点可以用六个字来进行概括：渗、滞、蓄、净、用、排。

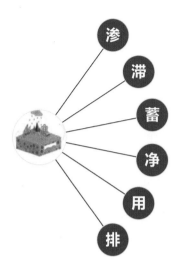

海绵城市的特点

海绵城市的特点

　　渗，是指利用土壤的自然渗入功能，把雨水渗透到地下，涵养地下水资源，从源头减少雨水径流，净化雨水。

　　滞，是指利用一些调蓄设施将雨水滞留下来，从而延缓洪峰出现时间，削减洪峰流量。

　　蓄，是指利用一些储蓄设施，如调蓄池，将雨水储存起来，降低径流峰值流量，为雨水利用创造条件。

　　净，是指对雨水进行净化来减少面源污染，通过海绵城市的设施，利用节流、沉淀、过滤、微生物作用等去除污染物，改善城市水环境。

　　用，是指回收利用净化后的雨水，其用途包括灌溉绿地、冲洗道路等。

　　排，是指有序安全地将雨水排出城市，尽量减少大暴雨对城市的内涝灾害。

前面我们谈到了海绵城市的特点，下面来看看海绵城市在我国的发展历程。在2013年12月中央城镇化工作会议上，习近平总书记发表重要讲话，提出"在提升城市排水系统时要优先考虑把有限的雨水留下来，优先考虑更多利用自然力量排水，建设自然积存、自然渗透、自然净化的'海绵城市'"。这是我国首次正式提出要建设海绵城市，从此就拉开了我国海绵城市建设的序幕。2014年12月，发布《关于开展中央财政支持海绵城市建设试点工作的通知》，财政部、住房城乡建设部、水利部决定开展中央财政支持海绵城市建设试点工作。2015年4月，公布第一批海绵城市建设试点城市名单，包括迁安、白城、镇江、重庆等16座城市。2016年4月，公布第二批海绵城市建设试点城市名单，包括北京、上海、天津、深圳等14座城市。2017年12月，习近平总书记在中央城市工作会议上发表重要讲话，提出"要提升建设水平，加强城市地下和地上基础设施建设，建设海绵城市"。

从上述发展历程来看，国家对海绵城市建设高度重视，也提出了具体的建设目标，从2015年启动海绵城市建设试点城市开始，分两步走：2020年前全国城市20%以上的建成区，要自然储存70%的降雨；到2030年前全国城市80%以上的建成区，要自然储存70%的降雨，最终达到海绵城市的功能。

海绵城市建设背景

在快速城镇化建设和水生态环境恶化的时代背景下，我国面临一些水危机问题，如水资源短缺、水环境恶化、内涝频发等。海绵城市正是立足于我国的水情特征提出的综合的、全面的解决方案。党的十八大报告明确提出"面对资源约束趋紧、环境污染严重、生态系统退化的严峻形势，必须树立尊重自然、顺应自然、保护自然的生态文明理念，把生态文明建设放在突出地位"。建设具有自然积存、自然渗透、自然净化功能的海绵城市是生态文明建设的重要内容，也是我国城市建设的重大任务。

海绵城市的功能，可以归纳为四句话：小雨不积水，大雨不内涝，水体不黑臭，热岛有缓解。具体表现在以下三个方面。

第一，水质控制。当雨水降落至地表后，会冲刷清洗地表，雨水被污染，而通过海绵城市设施，如绿色屋顶、雨水花园等，可过滤、净化水质。把这些净化后的雨水存起来，用于马桶冲洗、消防、景观、建筑、农业、工业等。

第二，水量控制。原来城市通常采用的排水模式是"快排"模式，即雨水下降至地面后，进入排水管网，迅速排出至附近江河湖库，采用这种模式会使80%的雨水被直接排放，遇到下大暴雨的时候，若降水强度超过排水管网排水能力就会造成城市内涝。而海绵城市利用其渗、滞、蓄的特点，将大部分的降雨通过下渗、积蓄或者蒸发，通常只有40%的雨水被排放，大大地减少了雨水的排放量。从水量总体效果来说，海绵城市相较于传统的"快排"模式，减少了城市雨水排放总量，而且削减了洪峰流量，延缓了洪峰出现的时间，对缓解城市内涝是非常有好处的。

第三，改善城市的生态环境。如增加的绿地面积，可以改善空气的环境质量，为居民提供良好的居住环境，为更多的生物提供栖息地进而提高城市生物的多样性，还可以降低城市热岛效应。

下面介绍一些常见的海绵城市设施，加强我们对海绵城市的感性认识。

第一，绿色屋顶。在生活中，我们会发现一些建筑的屋顶种植有树木、花卉等，这就是绿色屋顶。绿色屋顶的作用非常大，如截流和储存雨水、保温隔热、美化环境、为生物提供栖息地、吸收空气中的二氧化碳减轻温室效应等。

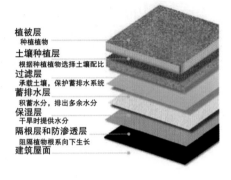

植被层
　种植植物
土壤种植层
　根据种植植物选择土壤配比
过滤层
　承载土壤，保护蓄排水系统
蓄排水层
　积蓄水分，排出多余水分
保湿层
　干旱时提供水分
隔根层和防渗透层
　阻隔植物根系向下生长
建筑屋面

绿色屋顶实景图（左）与组成（右）

绿色屋顶

　　绿色屋顶，也被称为种植屋面、屋顶绿化等，是指在不同类型建筑物的屋面、阳台或露台上种植树木花卉的统称。它主要由七个部分组成，从上到下分别为植被层、土壤种植层、过滤层、蓄排水层、保湿层、隔根层和防渗透层。其中，植被层是指种植植物的统称，土壤种植层是为植物生长提供生存环境和营养物质的土壤，过滤层是为了保护下层蓄排水系统的保护层，蓄排水层是用来储存或排出雨水，保湿层可以在干旱的时候为植物提供水分以维持其生长，隔根层和防渗透层是为了保护原有的建筑屋面，防止植物根系向下生长，侵入建筑屋面，导致屋面漏水。

　　第二，透水铺装。传统的硬化路面只能将雨水沿道路排入城市的下水道，然后顺着下水道排放方向排放至附近的江河湖库中。采用这种排水方式，雨水不仅会被浪费掉，而且这些未经处理的雨水进入水体还会污染环境，当雨水来不及排出时，又会出现城市内涝的情况。现在，使用透水性好的材料对城市道路进行铺装，下雨时雨水能够从路面渗入地下，而且雨水经过路基下渗时得到了净化，减少了对地下水体的污染。目前常见的透水铺装有小区的道路、人行道、露天的停车场等。

透水铺装实景图

透水铺装

透水铺装是一种新型的城市铺装形式，被誉为"会呼吸的"地面铺装。相较于传统硬化路面，透水铺装通过采用大孔隙结构层或者排水渗透设施对道路进行铺装，使雨水能够通过渗透设施就地下渗，从而实现减少地表径流、雨水补充地下水、雨水净化等目的。

第三，雨水花园。雨水花园表面种植植物，下面填充土壤或改良的土壤介质。进入雨水花园的雨水通过植物、土壤介质，以及其中一些微生物的综合作用使雨水得到净化，并使之逐渐渗入土壤以涵养地下水，或使之补给景观用水、厕所用水等城市用水，是一种生态可持续的雨洪控制与雨水利用设施。

雨水花园实景图

雨水花园

　　雨水花园，也称雨水生物滞留设施，是指自然形成或人工挖掘的浅凹绿地，被用于汇聚并收集来自屋顶、周围道路或广场的雨水。

　　第四，浅草沟。与传统的地下管道不同，浅草沟通常是在人行硬化道路或者透水铺装的两侧进行铺设，用于收集和排放降落在地面上的雨水。当雨水流经浅草沟时，在沉淀、过滤、渗透、吸收和生物降解等的共同作用下，雨水得到净化，最终流出浅草沟的雨水可以直接外排入天然水体，从而减轻水污染。

浅草沟实景图

浅草沟

浅草沟是指种植植物的地表沟渠。它可以代替埋在地下的排水管道，进行雨水排放。

第五，多功能调蓄池。多功能调蓄池是在传统的、功能单一的雨水调节池的基础上发展起来的。传统的雨水调节池，只能储存雨水，而且其占地面积往往很大。而多功能调蓄池，在晴天时可以发挥其城市景观、公园绿地、停车场、运动场、市民休闲集会、娱乐场等作用，一旦遇到大暴雨的天气，可提前将这些区域的人、车转移，等下雨时，若有来不及排放的雨水就可以先排到这些区域，削减洪峰流量，减轻城市内涝。以重庆市悦来新城的下凹式多功能调蓄公园为例，它具有一定的坡度，当发生大暴雨时，由于重力作用，雨水会沿着斜坡流入这座公园，起到对雨水调蓄的作用。

重庆市悦来新城的下凹式多功能调蓄公园

此外，常见的海绵城市设施还包括下凹式绿地、雨水湿地、滞留塘、卵石沟、生态树池和路缘豁口等。

前面介绍了海绵城市的概念、特点、功能和一些常见设施等，相信你已经对海绵城市有了一定程度的了解，下面连点成线，介绍一些海绵城市的具体案例。

下凹式绿地实景图

下凹式绿地

下凹式绿地，指一种高程低于周围路面的公共绿地，也称低势绿地。与"花坛"相反，其理念是利用开放空间承接和储存雨水，达到减少径流外排的效果。下凹式绿地对下凹深度有一定要求，其土质多未经改良。与浅草沟的"线状"相比，其主要是"面"，其能够承接储蓄更多的雨水，而且其内部植物以本土草本植物为主。

案例一，重庆市悦来新城。作为我国首批 16 座海绵城市建设试点城市之一，悦来新城是集国际商务、会议展览、文化创意、休闲旅游等为一体的两江现代国际商务中心。目前，悦来新城已基本完成 18 平方千米的海绵城市的建设，建成了包括绿色屋顶、雨水花园、透水铺砖、雨水湿地、雨水塘、多功能调蓄池、雨水回用等一系列海绵城市工程设施。

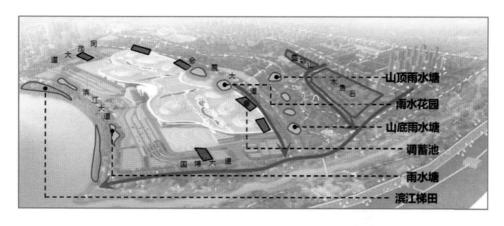

重庆市悦来新城的海绵城市建设

雨水湿塘

雨水干塘

雨水塘

　　雨水塘利用自然形成或人工建造的池塘或洼地，对雨水进行净化和渗透，可有效减少径流量，补充地下水。根据其功能不同，可分为湿塘和干塘。湿塘，是指其维持一定运行的水位且以雨水为主要补充水源。干塘，是指晴天时是干燥状态，降雨时储蓄雨水来削减峰值流量。通常雨水塘的护坡须种植耐湿植物，雨水塘护坡的周围要种植低矮的灌木，形成低绿篱。

　　案例二，北京市奥林匹克森林公园。它是具有体育、办公、商业、酒店、文化、会议、居住等多功能的新型城市区域，建设时，在公园中心建造了一个全覆盖、规模化、智能化、高标准的海绵城市示范工程，其中包括下沉式的公园、湿地、透水铺装、绿色屋顶等。

　　未来，海绵城市会怎样发展呢？主讲人认为海绵城市的发展趋势是智慧化、精细化、标准化。

　　海绵城市的未来建设可以与国家正在开展的智慧城市建设相结合，结合大数据、人工智能、物联网、云计算、空间地理信息等技术，实现海绵城市的智慧化建设，如通过气象预警和对城市地表降雨数据的实时监测，评估城市内涝发生风险，做出快速反应。

　　精细化是指利用海绵城市设施对水体水质和在水质处理过程中产生的温室气体进行精确监测与处理，以实现水质提升和温室气体减排。目前的海绵城市设施，对水质有一定程度的改善，对温室气体的减排也有一定的作用。但是随着城市的发展，城市雨水的污染会进一步加剧。城市雨水污染的主要原因之一就是过量的氮、磷元素进入水体，导致水体中的藻类和一些浮游生物大量繁殖，而目前海绵城市的设施不能应对此类雨水污染。今后如何提高海绵城市设施对水质精细化调控，特别是对氮、磷元素的去除，是一个需要解决的问题。

为实现全域推进海绵城市建设的目标，探索并建立一套可复制、可推广的海绵城市标准化模式至关重要。全面梳理已有的相关标准，查漏补缺，合理规划构建一套覆盖全面、科学合理、层次分明的海绵城市标准化体系。最终可将其转化为国家标准、行业标准，指导全域海绵城市建设。

讲座时间：2022 年 12 月 10 日

柴宏祥

重庆大学环境与生态学院二级教授，博士生导师。入选国家级高层次人才计划、国家科技部中青年科技创新领军人才，担任三峡库区生态环境教育部重点实验室副主任、全国城镇给水排水标准化技术委员会委员、中国环境科学学会水环境分会常务委员，重庆市高校创新研究群体"山地城市水环境保护与治理"负责人。

长期从事海绵城市与城市管网建设、水环境保护与治理方向教学与研究。先后主持国家重点研发项目、国家科技重大专项课题、国家科技支撑计划课题、国家自然科学基金项目等国家级和省部级科研项目 10 余项，在 *Water Research*、*Environmental Science & Technology* 等环境领域顶级期刊发表论文 130 余篇，获得国内外发明专利 50 余件，编制标准和技术指南 10 余部，牵头完成的"山地城市径流污染低影响开发控制与治理技术研究及应用"等成果获重庆市科技进步奖一等奖，获得其他省部级、行业科技奖一等奖 3 项。